胡肖传
史旺林
宋新刚
著

# 何以量子

## 重塑世界的量子物理

上海科学技术出版社

图书在版编目（CIP）数据

何以量子：重塑世界的量子物理 / 胡肖传，史旺林，宋新刚著. -- 上海：上海科学技术出版社，2025.4.
ISBN 978-7-5478-7039-6

Ⅰ．O413-49

中国国家版本馆CIP数据核字第20256YM537号

何以量子
——重塑世界的量子物理
胡肖传　史旺林　宋新刚　著

上海世纪出版（集团）有限公司 出版、发行
上海科学技术出版社
（上海市闵行区号景路159弄A座9F-10F）
邮政编码201101　　www.sstp.cn
徐州绪权印刷有限公司印刷
开本 889×1240　1/32　印张 8.5
字数：180 千字
2025 年 4 月第 1 版　2025 年 4 月第 1 次印刷
ISBN 978-7-5478-7039-6/O・128
定价：59.80 元

本书如有缺页、错装或坏损等严重质量问题，请向工厂联系调换
0516-83852799

# 前言

从微观的光子、电子、原子、分子，再到我们所熟知的各种生活中的物品，乃至恒星、浩瀚无垠的宇宙，一切物质都在运动之中，而这种运动并非杂乱无章，而是遵循着一定的规律。物理学正是致力于研究物质运动规律的科学，它在自然科学体系中占据着基础且核心的地位。

物理学的每一次重大发现，都宛如一颗石子投入平静的湖面，激起层层涟漪，催生出大量的技术发明和新概念产品，进而引发新一轮的工业革命浪潮。在人类历史的长河中，英国、德国、苏联、美国等国家的崛起，无一不与工业革命的强劲推动密切相关，而这些工业革命的源头，又无不深植于物理学的重大发现之中。

本书开篇精简地勾勒出 20 世纪前物理学的发展脉络，引出了经典物理学所面临的种种困惑。接着，书中详细介绍了 20 世纪量子物理学跌宕起伏的发展历程，描绘出其思想脉络，并对由此引发的两次量子革命进行了解读。全书内容由浅入深，贯穿了整个物理学的发展史，并进行了严谨而系统的分类梳理。无论是对世界科学现象充满好奇的高中生，还是在学术道路上深耕细作的博士研究生，都可以阅读这本书。我们的初衷是为那些心怀科学热忱的有志之士播下一颗科学探索的种子，点燃他们对物理学乃至整个自然科学的热爱，鼓励他们勇敢地探索未知领域，为人类的科学事业添砖加瓦，贡献出自己的力量。

纵观物理学波澜壮阔的发展史，从古希腊的亚里士多德、古罗马的托勒密等先驱，到哥白尼、开普勒、伽利略、牛顿、麦克斯韦、爱因斯坦、狄拉克等伟大物理学家的相继涌现，他们共同推动了科学的不断进步。进入20世纪初，东方科学家开始崭露头角，如印度的钱德拉塞卡、日本的汤川秀树、中国的李政道和杨振宁等，他们为物理学的发展注入了新的活力。

本书是怀着对这些科学家的崇高敬意，讲述了量子物理学家的科学发现故事。由普朗克、爱因斯坦、玻尔、玻恩、薛定谔、泡利、海森堡、费米、狄拉克、费曼等科学家创立的量子力学，开启了"第一次量子革命"，引发了第三次工业革命。在这场革命中，原子能与光伏发电、微电子与计算机、移动通信与互联网、空间技术设施等如雨后春笋般涌现，同时催生了丰富多彩的化学世界，它们以一种魔力般的方式深刻地改变了人类的生活，其深度和广度都是前两次工业革命所难以企及的。因此，量子物理毫无争议地被誉为科学史上最成功的理论之一，它不仅改变了我们对世界的认知，更重塑了人类的未来。

量子物理不仅催生了工业革命，推动生产力实现了飞跃式发展，更为全球的科技进步提供了强有力的工具，这些变化激起了层层涟漪，深刻地影响着世界格局的演进。本书尽力全方位、多角度地向读者展示量子物理是如何从多个层面深刻改变这个世界的。

爱因斯坦曾对"量子纠缠"提出质疑，引发了科学界长达数十年的深入研究与探索。正是这种不懈的追求，推动了量子调控技术的蓬勃发展，催生了量子通信和量子计算等前沿的量子信息技术，开启了"第二次量子革命"，进而引发了新一轮的工业革命浪潮。在我国，科学家潘建伟在量子通信和量子计算领域取得了突破性成果，为我国在这一领域的崛起做出了卓越贡献。

尽管关于量子纠缠的理论仍有许多未解之谜，等待着科学家进一步探索和揭秘，但这丝毫不妨碍我们充分利用量子纠缠技术。这就好比在电子被发现之前，人类已经在使用电力和无线电，凭借直观的观察和大胆的尝试，创造出诸多改变生活的伟大发明。我们有理由相信，随着量子物理学的不断深入发展，必将涌现出大量令人惊叹的技术发明，为人类的美好生活增添更多光彩。

2012年，粒子物理学家发现了希格斯玻色子，这一发现被认为是物理学界近50年来最重要的里程碑之一。希格斯玻色子的现身，为粒子物理学的发展带来了新的曙光，然而它所解释的仅仅是宇宙中全部可见物质的5%。在量子物理的浩瀚星空中，仍有诸多神秘领域等待着我们去深入探索，诸如引力子与引力波、暗物质与暗能量、大统一理论等，这些问题的破解，必将引发一场全新的科学革命浪潮。

正如加拿大物理学家宝琳·加尼翁所洞察的那样："我们可能正处于一场巨大科学革命的边缘上。"新物理学的诞生，必将以更深层次、更大范围的影响力，重塑我们对世界的认知。在本书中，读者可以深入了解希格斯玻色子的相关内容，希望它能成为你洞察这一前沿领域最新进展的窗口。通过深入学习，我们不仅紧跟时代的步伐，还能为未来的科学探索添砖加瓦，贡献自己的一份力量。

科学本身是无国界的，它属于全人类，是人类智慧的共同结晶。然而，科学家却有着自己的国家，他们的研究和创新之路，常常离不开国家的支持与滋养。在当今国际竞争日益激烈的格局下，科学发展虽会面临诸多挑战，但其本质依然是全球性的合作与交流。因此，我们必须高度重视基础物理研究，从源头抓起，夯实科学根基，以推动科学的持续进步。在国际环境风云变幻的背景下，作为东方大国，我们肩负着沉甸甸的责任，要在基础物理领域取得更加辉煌的成就，为世界文明的发展注入强劲动力，这也是我撰写本书的初衷所在。

同时，我坚信随着中华民族伟大复兴的进程不断推进，将有越来越多的有志青年投身于物理学研究之中。在量子物理等基础科学领域，中国科学家必将大放异彩，为世界文明的前行做出更加卓越的贡献，让科学在东方大地上绽放出更加耀眼的光芒。

## 开篇　经典物理的困惑与突破　　2

　　宇宙运行：从地心说到万有引力　　4
　　物质构成：原子论的世纪　　8
　　光的本质：波动说与微粒说　　11
　　电与磁的统一：电、磁、电磁场　　15

## 第一章　量子革命的曙光　　22

　　原子之谜：电子与原子核的发现　　24
　　量子火花：从能量子到光量子　　30
　　量子突破：修正与验证　　41
　　量子群星的摇篮　　45

## 第二章　量子力学的建立　　52

　　电子的"波粒双重身份"　　54
　　海森堡的矩阵力学　　59
　　薛定谔的波动力学　　63
　　泡利不相容原理　　67

| 第三章 | 哥本哈根诠释 | 72 |
|---|---|---|
| | 量子力学的奠基之争 | 74 |
| | 量子力学的里程碑 | 78 |

| 第四章 | 量子力学的挑战 | 84 |
|---|---|---|
| | "上帝掷骰子吗" | 86 |
| | "光盒佯谬" | 90 |
| | "幽灵般的超距作用" | 93 |
| | "薛定谔的猫" | 96 |

| 第五章 | 征服原子世界 | 99 |
|---|---|---|
| | 原子核结构之探 | 100 |
| | 原子核的"黄金年代" | 109 |
| | 中微子与介子 | 112 |
| | 中子轰击与核裂变 | 116 |
| | 专题：曼哈顿计划 | 122 |

| 第六章 | 量子电动力学 | 129 |
|---|---|---|
| | 初建：从场量子化到路径积分 | 130 |
| | 突破：从兰姆位移到费曼图 | 137 |
| | 20世纪美国物理学为何崛起 | 141 |
| | 专题：量子力学的应用 | 143 |

## 第七章　核天体物理　　151

从宇宙膨胀到白矮星　　152

中子星与其质量极限　　160

黑洞的探索与发现　　163

万物伊始的宇宙大爆炸　　167

霍金与宇宙学　　171

## 第八章　量子纠缠的探索之旅　　177

"幽灵"通信：量子纠缠与隐变量探索　　178

一测即变：电子双缝干涉实验　　185

"预知"未来：光子延迟选择实验　　188

一擦即现：量子擦除实验　　191

专题：量子计算机　　194

专题：量子通信　　199

## 第九章　量子场论与粒子物理　　205

规范场的统一之路　　206

弱相互作用下宇称不守恒　　215

电弱统一理论的形成　　218

强相互作用理论　　222

粒子物理标准模型　　226

粒子与宇宙的"交响"　　230

大统一理论的探索　　234

| 结语 | 科学发现与工业革命 | 239 |
|---|---|---|
| | 第一次工业革命：从科学革命到工业崛起 | 240 |
| | 第二次工业革命：从电磁理论到工业腾飞 | 243 |
| | 第三次工业革命 1.0：从量子突破到信息时代 | 247 |
| | 第三次工业革命 2.0：创新引领未来 | 253 |
| 后记 | 我们身边的物理学 | 257 |

# 经典物理的困惑与突破

开篇

# 宇宙运行：
# 从地心说到万有引力

古罗马时期，托勒密（约90—168）继承并发展了古希腊哲学家亚里士多德的地心说，创立了"托勒密地心说体系"，并将其成果汇集成著作《天文学大成》。地心说不仅在天文学上占据主导地位，还被基督教神学家用以支持上帝创造万物的理论，从而成为中世纪宗教教义的重要组成部分。这一学说在西方世界延续了约1300年，直到16世纪初才逐渐被打破。

1543年，波兰数学家、天文学家哥白尼提出了日心说，并出版了划时代的著作《天体运行论》，从此彻底改变了人们的宇宙观。意大利科学家乔尔丹诺·布鲁诺是日心说的坚定支持者和积极传播者。他丰富并发展了日心说，并出版了《论无限宇宙与世界》一书，为天文学的发展做出了重大贡献。然而，由于其观点与当时的宗教教义相悖，布鲁诺被天主教会视为"异端"，并于1600年在罗马百花广场被处以火刑。

在哥白尼的影响下，德国数学家、天文学家约翰尼斯·开普勒发现了行星运动三大定律。他于 1596 年出版了著作《宇宙的奥秘》，于 1609 年出版了《新天文学》。同时，他还担任神圣罗马帝国皇帝鲁道夫二世的顾问。开普勒的发现为天文学的发展提供了更为精确的理论基础。

在哥白尼《天体运行论》的启发下，意大利物理学家、天文学家伽利略（1564—1642）研究了物体的速度与加速度、重力与自由落体等现象，发现了自由落体定律、惯性定律和相对性原理，为经典力学奠定了基础。伽利略是欧洲近代自然科学的创始人，被誉为"现代物理学之父"。与此同时，法国数学家、物理学家勒内·笛卡尔创立了笛卡尔坐标系，被誉为"解析几何之父"。这些科学家的创新发现为 17 世纪后半叶科学理论的创立打下了坚实的基础。

1642 年，伽利略去世。次年，英国迎来了艾萨克·牛顿（1643—1727）的诞生。牛顿在 18 岁时告别家乡，前往剑桥大学深造。他刻苦努力，梦想着有一天能解决开普勒、伽利略、笛卡尔留下的复杂难题。大学毕业后，为解决力学问题上遇到的数学困难，牛顿发明了微积分，并在二项式定理、概率论等领域做出了重要贡献。1666 年，牛顿提出著名的力学三大定律：

- ◆ 力学第一定律（惯性定律）：一切物体在没有受到外力作用的时候，总保持匀速直线运动或静止状态；
- ◆ 力学第二定律（加速度定律）：物体的加速度大小跟作用力成正比，与物体的质量成反比；

伽利略(1564—1642)

♦ 力学第三定律（反作用力定律）：任何两个相互作用的物体，它们之间的作用力和反作用力总是大小相等、方向相反，且作用在同一条直线上。

1687 年，牛顿用微积分描述了天体之间的引力与它们的质量、距离的关系式 $F = Gm_1 m_2/r^2$，即著名的万有引力公式。至此，牛顿发现了宇宙中的第一个基本力（自然力）——万有引力（简称引力）。同年，他完成了划时代的著作《自然哲学的数学原理》，这部作品不仅在科学界引起了巨大轰动，也为第一次工业革命奠定了基础。牛顿的贡献为近代物理学和力学打下了基础，他因此被誉为"经典力学之父"。

1862 年，美国天文学家阿尔万·克拉克发现了天狼星 B（恒星天狼星的一颗伴星）。根据对观测数据的分析，科学家发现天狼星 B 的光度仅为天狼星的万分之一，其质量约为一倍太阳质量，而体积却与地球相当。这颗伴星的平均密度高达 4 吨每立方厘米。如此极端的现象在当时无法用经典物理学来解释，促使人们期待物理学新理论的诞生！

## 物质构成：
## 原子论的世纪

古希腊哲学家德谟克利特认为，宇宙万物是由最微小、最坚硬、最不可分割的原子构成的，原子在数目与排列上的不同造就了世界的多样化。后来，古希腊哲学家恩培多克勒提出了"水、土、气、火"四种元素说。这种朴素的原子论和元素说都属于人类早期的宇宙物质观。其中，火元素与其他元素不一样，它无法独立存在，只有在燃烧时才显现，于是人们发明了"燃素"这一概念来解释燃烧现象。

直到 1661 年，英国物理学家、化学家罗伯特·波义耳（1627—1691）发现了波义耳定律，并提出了物质是由不同的微粒自由组合而成的。他提出只有不能用化学方法再分解的物质才是元素，为人类研究物质的组成指明了方向，因此被后人尊称为"化学之父"。

1778 年，法国化学家拉瓦锡（1743—1794）研究了燃烧现象，发现燃素说存在诸多矛盾和不足。他认为空气中存在氧气，燃烧是物质中某些元素被氧化的过程，且整个过程遵循质量守恒。他给"元素"下了非常准确的定义——不可通过任何方法（当时已知的）分解的物质，而原子是化学反应中最小的单位。拉瓦锡引领了化学领域的一场知识变革，被后人尊称为"近代化学之父"。然而，当时法国正经历大革命，拉瓦锡在权力的更迭中被送上了断头台，令人惋惜。

1803 年，英国化学家约翰·道尔顿（1766—1844）在总结前辈理论的基础上，提出了新的原子论：

- 单一元素的最终微粒是原子，原子不能自生自灭，也不能再分割；
- 同一种元素的原子是一样的，不同元素原子的化学性质和质量都不同；
- 不同元素化合时，原子以简单的整数比结合成一种更复杂的原子。

然而，道尔顿的原子论与法国化学家盖-吕萨克的氢氧化合实验结果相矛盾。意大利物理学家阿伏伽德罗出来"打圆场"，提出两个氢原子和一个氧原子组成一个水分子（水微粒），从而引入了分子概念（假说）。但这一理论最初并未得到认可，直到 1860 年的一次国际会议上，阿伏伽德罗的学生康尼查罗对分子假说进行了条理清晰、逻辑严谨的陈述，才使得这一理论被科学界广泛接受。人们开始相信物质是由分子或原子组成的，而分子是由原子组成的。那么，原子内部是什么？当时尚不清楚。

其实早在 1833 年,英国物理学家法拉第在进行电的实验中得出了电磁定律,并提出了"离子"这一新概念。如果说原子不可分,那么离子又是什么呢?这引发了关于"原子是否不可分割"的讨论。但法拉第因忙于电磁感应实验与理论,没有深入研究离子。后来,英国物理学家詹姆斯·麦克斯韦也未能对离子概念给出明确解释,他们都坚定地站在原子论这一边。直到 1897 年,英国剑桥大学卡文迪许实验室的汤姆孙通过实验发现了电子,从而打开了原子世界的大门。

# 光的本质：
# 波动说与微粒说

　　古人观察水面的起伏运动，逐渐认识了水波的规律，发现了水波的衍射和干涉现象。随后，人们弄清了通过空气传播的声波，发现了声波的共振、衍射和干涉现象。1842年，奥地利物理学家克里斯琴·多普勒根据火车运动时声调的变化过程，发现了多普勒效应，即物体辐射的波长因波源和观测者的相对运动而产生变化，当两者相互靠近时，频率变得较高（蓝移）；当两者相互远离时，频率变得较低（红移）。波源的速度越快，所产生的效应就越明显。

　　光的研究相对复杂，早在古希腊时期人们就开始探索光的反射和折射现象。16世纪末，开普勒提出了入射角和折射角的关系，伽利略利用光通过透镜时发生折射的原理，自制了望远镜。直到1621年，荷兰物理学家斯涅耳得出了入射角与折射角的精确关系式，并用光的折射解释了水中物体的视觉现象，开始了光的理论研究。随后，意大利物理学家格里马尔迪发现了光的衍射，并将光和水波类比，认为光是一种波，预言物体颜色的不同是由

牛顿(*1643—1727*)

物体反射光的频率差异引起的。1655 年，英国物理学家胡克赞同格里马尔迪的看法，认为光的颜色由频率决定，光是通过"以太"传播的波，进一步发展了光的波动说。

牛顿用三棱镜揭示了光色的秘密，确立了光的反射、折射原理，并发明了反射式望远镜。1675 年，他创立了光的微粒说：光如同小球，白光是由各种颜色的小球组成的。不同颜色的光在物体上有着不同的折射率与反射率。当白光照到物体上时，部分颜色的小球反射，而另一部分光被物体吸收，所以世界如此缤纷。

1678 年，荷兰物理学家惠更斯改进了胡克的波动说，反对牛顿的微粒说，并在《论光》一书中提出了惠更斯波动理论：光源把能量传递给周围的以太，因为以太是由一个个刚性十足的小球组成的，所以这些小球接收光源的能量后会撞击周边的小球，每个小球都以自我为中心向外扩散，形成"光波面"。他用这一理论解释了光的直射、折射现象。

但是，牛顿当时位高权重，导致光的波动说一度受到压制，而光的微粒说统治光学领域长达 120 多年。一个世纪后，英国物理学家托马斯·杨对牛顿的光学理论产生了怀疑。1801 年，他模仿水波干涉现象，进行了科学史上著名的杨氏双缝干涉实验，为光的波动说提供了有力证据。

托马斯·杨进行了很多干涉实验，总结了光的干涉原理，测出光的波长，并认为光是通过"以太"传播的一种波。后来，法国物理学家菲涅尔补充发展了光的波动说，并较完整地解释了衍射现象。从此，光的波动说占据上风，得到物理学界的认可。"以太"重现江湖，而光的微粒说被搁置。

1800年，英国天文学家威廉·赫歇尔利用三棱镜观测恒星光谱时，意外地发现了红色光谱之外还存在一种肉眼看不见的光，他将其命名为"红外线"。1802年，英国化学家威廉·沃拉斯顿在研究太阳光谱时，使太阳光先通过一条很窄的细缝，再透过三棱镜。在这一过程中，他意外地发现可见光的光谱中夹杂着一些黑色的细线。这些暗线引起了沃拉斯顿的好奇，但他当时并不清楚这些暗线是如何形成的。这一时期，光的波动说开始成为主流。1814年，德国一位玻璃工匠夫琅和费重复了沃拉斯顿的实验，发现光谱中的暗线数量比沃拉斯顿观察到的要多得多，他把这些暗线标记在光谱上并编号，这些暗线后来被称为"夫琅和费谱线"。

1859年，德国物理学家古斯塔夫·基尔霍夫（赫兹的老师之一）对光谱中的暗线给出了合理的解释：太阳光的谱线本身是连续的，但太阳中含有的钠、镁等元素吸收了特定频率的光，导致光谱中出现较暗的条纹。每个恒星中含有的元素不一样，所以光谱中暗线的位置也不一样。此后，人们开始利用光谱现象寻找自然存在的元素，新元素的发现进入第一个高峰期。

基尔霍夫发现了光谱暗线的位置只与元素有关。由于元素光谱的暗线比较复杂，人们开始研究最简单的元素——氢的光谱。1885年，瑞士数学老师巴尔末经过对氢的长期研究，得出氢原子谱线与波长的经验公式，即巴尔末公式：

$$\lambda = 364.57 \times n^2/(n^2 - 4)$$

其中 $\lambda$ 为波长（单位为纳米），n 为 $\geq 3$ 的整数。

虽然搞清了暗线出现的位置，但其背后的物理机制仍然是一个谜，有待物理学新理论的诞生！

# 电与磁的统一：
# 电、磁、电磁场

**静电学、电力学、电磁学**

人们对闪电、静电、动物电的研究历史悠久。直到 1785 年，法国物理学家查尔斯·库仑提出了库仑定律，描述两个带电小球之间相互作用力，从而结束了静电学的早期定性研究阶段，开启了定量研究的新时代。而电力学的发展要归功于意大利物理家亚历山德罗·伏特。1775 年，伏特发明了起电盘，并强烈建议用"金属电"一词代替"动物电"，尽管他那时并不清楚金属电到底是怎么产生的。经过无数次实验，他发现将不同金属堆在一起可以增大电流，促成了"电堆"（干电池的雏形）的发明。然而，金属之间为什么会产生持续的电流呢？伏特也无法回答，因为那时电子还未被发现。伏特把实验过程和电势差（电压）的发现写进了论文，于 1800 年发表。

人们对磁的研究与应用更早，如指南针的发明和使用。但在很长一段时间里，磁与电没有被联系到一起。直到 18 世纪末，丹麦科学家汉斯·奥斯特在哥本哈根大学获得博士学位后，花了三年时间访问了德国和法国的许多科学家。他了解到当时许多物理学家都在尝试将电和磁联系起来，但都未能成功。奥斯特坚信两者之间存在联系，因为他发现电能发光，而摩擦起电和闪电也能产生光。当时，美国的本杰明·富兰克林已经证明了静电可以磁化钢针。

奥斯特坚持自己的想法，并开展了大量实验，终于发现了电流的磁效应以及电流能产生"旋转力"。1820年，他将这些实验结果撰写成论文《论磁针的电流撞击实验》。从此，电磁学开始起航。

**电磁学的进一步发展**

奥斯特的论文在欧洲引起了巨大反响，尤其是对法国青年安培产生了极大的震动。安培敏锐地察觉到奥斯特的实验还有待深入，于是他设计并进行了新的实验：将两条导线平行放置，一条固定，一条悬挂。实验结果显示：

- ◆ 当电流方向一致时，两条导线相互排斥；当电流方向相反时，两条导线相互吸引。
- ◆ 导线间的作用力与它们之间的距离平方成反比，与电流的大小成正比。

这些发现被称为安培定律，安培因此被誉为"电力学之父"。安培继续在科学之路上前进，开展了另一项实验，并发现了磁感应能产生电流，但他并没有重视这一现象，从而错失了一项重大的科学突破。

1825 年，英国科学家迈克尔·法拉第（1791—1867）得知安培的实验后，敏锐地意识到磁生电的可能性。1831 年 8 月，法拉第设计并开展了新实验：在一个铁环的两侧分别绕上线圈，一侧连接电源，另一侧放置磁针。

法拉第通过大量实验得出产生感应电流的五类情况：变化的电流、变化的磁场、运动中的恒定电流、运动的磁场、在磁场中运动的导体。他将这些现象称为"电磁感应"。1831 年，法拉第成功制造出世界第一部发电机原理样机，使其能产生电流，这是人类科学史上的一大创举！1845 年，法拉第发现了磁光效应，即光通过磁场后发生偏转，他通过实验揭示了电、磁、光之间有着错综复杂的联系。经过 20 年的不懈探索，法拉第的磁力线理论一步步发展，终见成熟。1852 年，他发表论文《论磁力的物理线》，正式提出了"场"的概念，即磁的周围存在磁场，电的周围存在电场。他还根据电磁旋转效应，发明了世界上第一台直流电动机样机。法拉第也因此被称为"电磁学之父"。

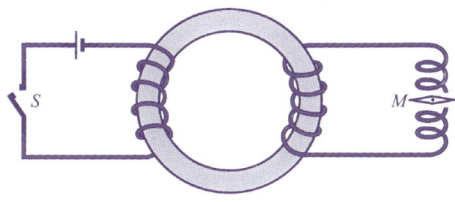

法拉第电磁感应实验

法拉第的物理学思想深深地影响了英国当时的一位大学生麦克斯韦（1831—1879），他发现法拉第的理论虽深刻，但缺乏精确的数学表达。从剑桥大学毕业后，麦克斯韦决定用数学方法将电磁理论准确地表达出来。1856年，年仅25岁的麦克斯韦发表了《论法拉第力线》的论文，基于法拉第的理论，建立了力线的几何模型。法拉第很赞赏麦克斯韦的工作。1860年，麦克斯韦拜访了法拉第，两人一见如故，彼此惺惺相惜，堪称科学史上一次伟大的交流。1862年，麦克斯韦发表论文《论物理的力线》，提出了"分子涡旋"和"位移电流"两个假说，解释了电磁效应，即变化的磁场会产生电场，变化的电场会产生磁场。

1864年，麦克斯韦发表论文《电磁场的动力学理论》，并正式确定了电磁场方程，即著名的麦克斯韦方程。他预言了电磁波的存在，认为电磁场的作用就是通过电磁波传递的，并推导出电磁波的速度等于光速。麦克斯韦进一步预言了光是一种电磁波，最终将光、电、磁统一在一个理论框架下。1871年，麦克斯韦负责筹建了卡文迪许实验室，该实验室在后续几位领导的推动下，发展成为20世纪全球著名的科技学术中心之一，并被誉为"诺贝尔物理学奖获得者的摇篮"。1873年，麦克斯韦出版了《电磁理论》，书中系统、全面地阐述了电磁场理论。至此，他找到了宇宙中的第二个基本力——电磁力，创立了经典电动力学，为世界科学发展做出了巨大贡献。遗憾的是，麦克斯韦于1879年英年早逝，年仅48岁。同年，一个名叫阿尔伯特·爱因斯坦的小宝宝在德国出生。在麦克斯韦生前，由于他的理论包含许多假说且难以理解，大部分科学家当时仍坚持牛顿的超距理论。麦克斯

麦克斯韦(*1831—1879*)

韦的电磁理论并未立即受到广泛关注。

历史证明，以法拉第的电磁感应理论和麦克斯韦的电磁场理论为基础的第二次工业革命于 19 世纪 70 年代在美国和德国率先展开，世界进入了电气化时代。麦克斯韦成为继牛顿之后的又一位具有划时代意义的科学家。

**电磁学理论的验证及应用**

德国青年物理学家海因里希·赫兹（1857—1894）在导师赫尔曼·亥姆霍兹的影响下，对电磁学进行了深入研究。他坚信麦克斯韦的理论比传统的超距理论更具有说服力，决定通过实验来证实这一点。1886 年，赫兹经过反复实验，发明了一种电波环，并用它进行了一系列实验。终于在 1888 年，他发现了人们期待已久的电磁波，证明了麦克斯韦的理论，轰动了整个科学界。从此，世界进入了无线通信的新时代。

从托马斯·杨的双缝实验到麦克斯韦预言光是电磁波，再到赫兹实际探测到电磁波，光的波动性质得到了证实。赫兹也是英年早逝，留下了一个未解之谜：他曾发现电磁波的接收器在紫外光的照射下，容易产生火花，而在可见光或红外线的照射下，则不会出现这样的现象。他把这一情况写进了论文，但未能给出合理的解释。这个谜题预示着物理学新领域的开启！

# 第一章

# 量子革命的曙光

# 原子之谜：
# 电子与原子核的发现

19世纪中叶，随着科学的进步，大多数人开始认可"物质由分子或原子组成，其中分子是由原子构成的"这一观点。英国科学家道尔顿曾假设原子是不可分割的。然而，随着研究的深入，这一假设受到了挑战。

## 从不可分割到发现电子

1858年，德国科学家尤利乌斯·普吕克在实验中将玻璃试管内的空气抽至非常稀薄，然后在试管两端装上电极板，并施加几千伏的电压。他发现阴极对面的试管壁上闪烁着绿色的辉光，但奇怪的是，似乎没有任何物质从阴极射线管上发射出来。那么，这种绿色辉光到底是什么呢？1888年，赫兹发现电磁波后，科学界关于绿色辉光的性质，产生了两种主要观点：英国科学家普遍认为它是一种粒子，而德国科学家则认为它是电磁波。赫兹对此也做了实验，他把阴极射线置于磁场中，发现绿色辉光会偏转，

汤姆孙(*1856—1940*)

但是他未能给出确切的解释。

1897年,英国卡文迪许实验室主任约瑟夫·汤姆孙(1856—1940),巧妙地改进了赫兹的实验。他在阴极射线管前放置了一个振动磁场,并在磁场前加了一个荧光屏(详见汤姆孙实验示意图)。通过改变磁场的强度,并测量荧光屏上粒子的位置,汤姆孙计算出了这种粒子的荷质比。他的研究揭示了这种粒子带负电,其质量远小于原子,约为氢原子质量的两千分之一——这是

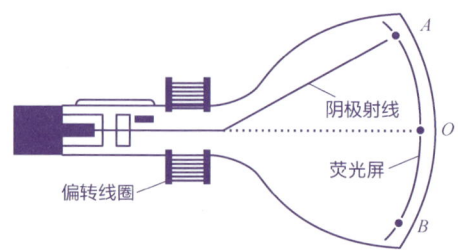

**汤姆孙实验示意图**

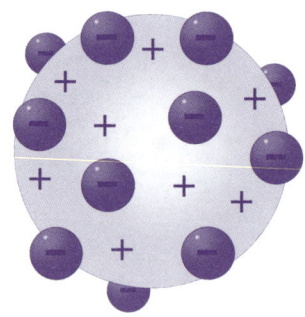

**汤姆孙原子模型示意图**

一种新粒子。1897年4月,汤姆孙发表了研究报告《阴极射线》,宣布发现了比原子更小的粒子——电子。

当时有人问汤姆孙:"原子是什么样的?"汤姆孙形象地回答:"原子就像一块大大的蛋糕,电子则是嵌在蛋糕上的一颗颗小小的葡萄干。"汤姆孙的原子蛋糕模型开启了微观世界的探索之门。电子的发现轰动了整个科学界,汤姆孙因此获得了1904年诺贝尔物理学奖。

### 原子核的发现

在X射线被发现之后,人类进入了研究粒子散射的高峰期,汤姆孙的学生欧内斯特·卢瑟福(1871—1937)在该领域取得了巨大的成功。他首次提出了半衰期的概念,在研究不同元素衰变产生的新粒子时,他将这些粒子分为两种:带正电的叫α粒子,带负电的叫β粒子(即高速电子),这两种粒子都有很强的穿透性。他还证明了α粒子就是氦离子。1908年,卢瑟福因其对半衰

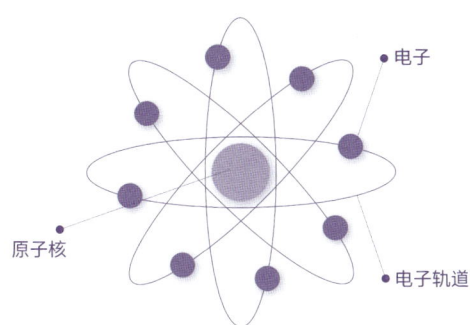

卢瑟福原子行星模型示意图

卢瑟福(1871—1937)

期的研究而获得诺贝尔化学奖。

1911年,作为曼彻斯特大学物理系主任,卢瑟福带领学生开展了一个开创性的实验。他用穿透力极强的α粒子轰击金箔片,同时在圆盘上放置一个可以自由转动的望远镜,用以观察轰击后的粒子。实验发现大部分α粒子能通过金箔,只有极少数的粒子会在原子的正中间发生散射。这说明原子内部大部分是空的,而正中间有一个非常密集的区域——原子核。卢瑟福据此推算原子的半径约为 $10^{-10}$ 米,而原子核的半径约为 $10^{-14}$ 米。他认为原子是由一个带正电的原子核和核外电子组成的,并提出了原子行星模型。

# 量子火花：
# 从能量子到光量子

根据热力学第三定律，绝对零度（$-273.15\,℃$）是不可能达到的，这意味着任何物体的温度总是高于绝对零度。因此，任何物体都会发出电磁辐射。这种由物体温度决定的电磁辐射叫热辐射。物体不仅辐射电磁波，同时也接收电磁波，接收到的电磁波一部分被吸收，另一部分被反射。一般来说，颜色浅的物体吸收得少，反射得多；颜色深的物体吸收得多，反射得少。这就是为什么在冬天我们习惯穿深色衣服，而在夏天穿浅色衣服；以及为什么在微弱的光线下，我们更容易看见浅色物体，而不易看见深色物体。

黑体辐射中的能量子

1862年，德国柏林大学的基尔霍夫教授提出了一个理想化的"绝对黑体"，即它吸收所有的入射辐射而完全不反射，这就是历史上著名的黑体辐射实验。1896年，德国物理学家威廉·维恩从热力学理论出发,结合实验数据,给出了一个经验上的黑体辐射公式,即维恩公式。1900年,英国物理学家瑞利和金斯,从数学上推导出瑞利-金斯公式。

维恩公式在短波区适用,但在长波区就出现了"红外事故"。瑞利-金斯公式在长波区适用,但在短波区出现了严重偏差,即"紫外灾难"。这两大公式都存在局限性,无法全面解释黑体辐射现象。

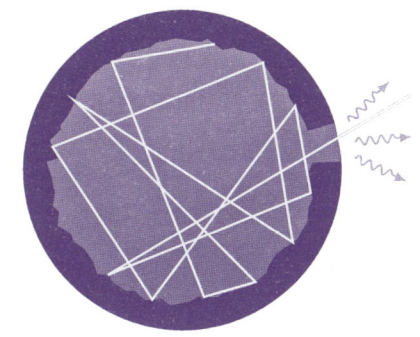

**黑体辐射示意图**

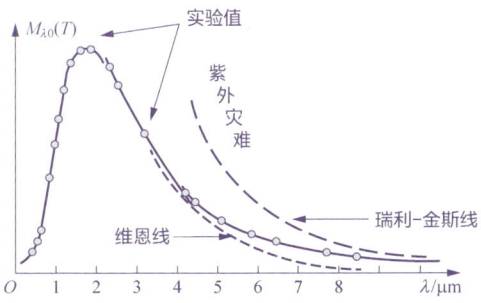

**瑞利-金斯示意图**

1877年，年仅19岁的马克斯·普朗克（1858—1947）带着对物理学的浓厚兴趣转学到柏林大学，遇到了著名物理学家亥姆霍兹和基尔霍夫。他成为赫兹的师弟，主要研究方向为热力学。1900年10月，普朗克使用数学内插法，将两个黑体辐射公式统一为一个公式：

$$\omega(f, T) = \frac{8\pi h}{c^3} \times \frac{f^3}{e^{hf/kT} - 1}$$

其中，$\omega(f, T)$是单位体积内频率为$f$的辐射能量密度，$T$为热力学温度，$h$为假定的普朗克常数$6.626 \times 10^{-34} m^2 \cdot kg/s$，$c$是光速，$k$是玻尔兹曼常数；而$E = hf$（$E$表示能量，$f$表示频率）。这个公式居然与实验数据完全匹配，成功解决了黑体辐射的困境。

1900年12月，普朗克在柏林物理学会上宣读了自己的论文《正常光谱能量分布律理论》，他激动地向人们阐述：要从理论上得出正确的辐射公式，就必须假定物体辐射（或吸收）的能量不是连续的，而只能是某个固定量的整数倍。他把这个固定量称为能量子（量子的雏形）。量子物理的序幕由此掀开。

1910年，美国实验物理学家罗伯特·密立根通过光电效应实验测定了普朗克常数，进一步证实了量子理论的正确性。普朗克因在量子理论方面的贡献而获得1919年诺贝尔物理学奖。

**光电效应的光量子假说**

赫兹在研究电磁波的过程中，曾意外发现电磁波的接收器在紫外线的照射下会更容易产生火花，而在红外线或可见光的照射

普朗克(*1858—1947*)

下都不会出现这样的现象,他把这一现象记录在论文中,但没有给出合理的解释。1894年,赫兹英年早逝,未能继续深入研究这一现象。他的助手勒纳德继续进行了系统的实验研究。1897年,汤姆孙发现了电子,勒纳德通过实验证明了金属表面的电子因光照而逃逸的现象,并将此现象命名为"光电效应"。

光电效应的发现引起了广泛关注,许多科学家尝试用麦克斯韦的电磁波理论进行解释。由于光是电磁波,他们提出紫外线的频率和金属板上的电子发生共振,导致电子逸出。但是,这一解释无法说明为什么更高频率的光照射时,同样有电子逸出。因此,共振的解说显然不对。

爱因斯坦(1879—1955)对勒纳德的光电效应实验产生了极大的兴趣。1905年3月,爱因斯坦刚完成狭义相对论和质能关系式,就在德国《物理学纪事》杂志上发表了《关于光的产生和转

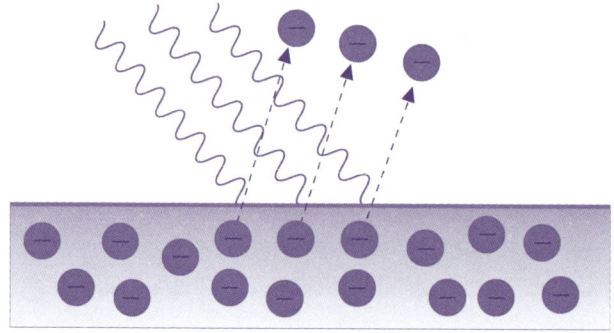

**光电效应示意图**

变的一个启发性观点》，提出了"光量子假说"。这一年，爱因斯坦年仅 26 岁。

爱因斯坦把普朗克的"能量子"应用于"光电效应"中，从而得到了完美的解释：

- 光束是由无数个微小的粒子（即离散的光量子）组成的；
- 每个光量子的能量就是能量子，可用 $E = hf$ 表示；
- 电子逸出需要吸收能量，当能量子大于或等于临界能量（电子的逸出功）时，电子就可以逸出并获得动能；当能量子小于临界能量时，电子则不会逸出。

回顾光的研究历程，从格里马尔迪开始，光一直被认为是波。1704 年，牛顿在其著作《光学》中提出光是一种微粒，这一理论统治了光学领域 100 多年。1801 年，英国物理学家托马斯·杨通过双缝实验证明了光的波动说。随后，麦克斯韦从理论上证明了光是电磁波，赫兹在 1888 年证明了电磁波的存在，因此光的波动说已沿用了近百年。之后，没有科学家试图用微粒说去解释光电效应，正是年轻的爱因斯坦敢于挑战传统，重新启用牛顿的微粒说，为光电效应做出了完美的解释。

爱因斯坦认为光是粒子流，但利用了波具有的频率，所以他的光量子假说一开始遭到了普遍的反对。1909 年，爱因斯坦提出了"光的波粒二象性"，物理学界才开始接受"光量子假说"。1911 年，第一次索尔维会议在比利时布鲁塞尔召开，会议的主题

爱因斯坦(*1879—1955*)

是光、量子假说和辐射。1910年起，有人提名爱因斯坦以相对论成就可获得诺贝尔奖，但每次都议而不决。面对"如果50年后人们发现爱因斯坦的成就未能获得诺贝尔奖，我们将如何解释？"的质疑，诺贝尔奖的评委们深感尴尬。最终，他们以"光电效应实验的理论"为由，把1921年的诺贝尔物理学奖颁给了爱因斯坦，而这一年的诺贝尔物理学奖本打算授予丹麦科学家玻尔。

**原子的量子化模型**

1911年，26岁的尼尔斯·玻尔（1885—1962）在哥本哈根大学取得博士学位，他的博士论文《金属电子理论的研究》因内容超前而在当地引起了轰动。之后，玻尔在基金会的资助下，赴英国剑桥大学卡文迪许实验室深造，并拜访了自己的偶像汤姆孙教授。玻尔毫不掩饰地表达了对普朗克、爱因斯坦关于光量子工作的追捧，这使汤姆孙有些不满。10月，在学校的年度例会上，玻尔偶遇了原子核的发现者卢瑟福。和蔼可亲的卢瑟福教授给玻尔介绍了第一届索尔维会议的简况，着重提及了量子理论的发展，引起了玻尔极大的兴趣。1912年3月，玻尔转到曼彻斯特大学，在卢瑟福的指导下工作，并将研究重点放在解释原子的行星模型上。

自19世纪初夫琅和费发现光谱暗线以来，科学家研究光谱线近一百年了，但始终未能完全理解其原理。1885年，巴尔末基于已有的四条氢光谱的频率数据，总结出著名的巴尔末公式。玻尔在接触巴尔末公式不到一个月的时间里，就撰写了论文《论原子和分子的构造》，于1913年3月提交给卢瑟福。经过一番讨论

玻尔(1885—1962)

和修改,这篇论文最终于 7 月发表在英国《哲学杂志》上。

紧接着,玻尔又撰写了《单原子核体系》《多原子核体系》两篇论文,这三篇论文合称为科学史上著名的"玻尔三部曲"。在这些论文中,玻尔结合了爱因斯坦的光量子假说,并从巴尔末公式中发现了原子的量子化模型,从而推翻了原子行星模型。

玻尔认为,光谱反映的并非电子在原子中的固有能量状态,而是电子跃迁时释放或吸收的能量。由于电子的能量是量子化的,电子运动的轨道是有限的。基于此,玻尔假设:

◆ 电子绕原子核运动,每个电子都处于某个定态轨道上,其动能是量子化的,这遵循普朗克的能量子概念。
◆ 电子在不同轨道之间"跃迁"与吸收或辐射的能量有关,这与爱因斯坦的光电效应理论相呼应。当电子吸

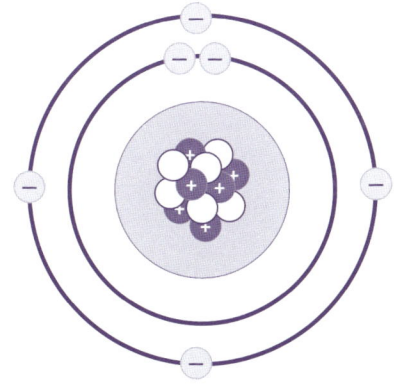

原子的量子化模型

收的能量达到某个临界值时,它就从低能级(基态)跃迁到高能态(激发态);当电子由高能态跃迁回低能态时,就会释放出能量,正好与光谱中的暗线吻合。

◆ 电子不吸收、不释放能量时,就会保持在定态轨道上,但不会塌缩到原子核中。

玻尔的原子量子化模型在量子物理学领域取得了革命性的成功。它不但解释了原子光谱谱线、原子稳定性等问题,还阐明了光为什么是"一份、一份"地被发射或吸收。与普朗克、爱因斯坦的理论相一致,玻尔模型中电子轨道之间的能量差值也与普朗克常数有关,表现为跃迁能量。之后,越来越多的实验证明,在微观世界中引入光量子化概念,就能得到与实验一致的计算结果,也能解释许多经典物理无法解释的实验现象。因此,玻尔荣获了1922年诺贝尔物理学奖。

# 量子突破：
# 修正与验证

玻尔的量子化模型取得了巨大成功，但也不是完美无缺的，它无法解释1896年德国科学家塞曼发现的塞曼效应——钠原子在外加磁场中的光谱线分裂现象。此时，德国数学家阿诺德·索末菲（1868—1951）对玻尔的量子化模型产生了浓厚的兴趣，认为玻尔模型"大有可为"。

**玻尔-索末菲模型**

1915年，索末菲对这一模型稍加改进，就成功解释了塞曼效应。他提出了以下修正：

- ◆ 将电子的圆轨道修正为椭圆轨道，原子核处于椭圆的一个焦点上；
- ◆ 将爱因斯坦相对论中质能方程引入到电子的轨道运动中；

◆ 将角动量电子化，引入了角量子；电子有分顺时针运动和逆时针运动，同时产生磁场，电子的磁矩也是量子化的。自此，有了三个量子化概念：主量子 n、角量子 l、磁量子 m。

通过这些改进，当原子外加磁场时，电子的运动在空间量子化，导致原子的谱线分裂，从而出现了原子的多光谱现象。如此，塞曼效应得到了完美的解释。这个模型就是玻尔-索末菲模型，它仍然属于一种假说，还有待实验的验证，同时，它对反常塞曼效应还无法做出解释。

## 光量子假说的实验验证

玻尔-索末菲模型不仅为原子核外电子的运动方式、相互作用机制以及如何利用光量子传递能量等关键问题提供了答案，还成功解释了黑体辐射实验、光电效应实验以及氢钠原子的多光谱现象等。当时，众多科学家纷纷投身于实验研究，以期验证光量子假说的正确性。

美国物理学家罗伯特·密立根（1868—1953）是其中的先锋之一。1895 年，他成为哥伦比亚大学物理系的第一位博士毕业生，随后前往德国哥廷根大学留学深造。回国后，密立根在芝加哥大学任教，并通过光电效应实验测定了普朗克常数。凭借多年对光电效应的深入观测与研究，他在 1916 年成功验证了光量子假说和爱因斯坦的光电效应方程。这一成就使他继爱因斯坦之后，荣获了 1923 年诺贝尔物理学奖。

另一位是美国物理学家阿瑟·康普顿（1892—1962），他也做出了重要贡献。1916年，康普顿在普林斯顿大学获得博士学位，1919—1920年到英国卡文迪许实验室工作。其间，他进行了γ射线的散射实验，却发现经典理论无法解释其实验结果。回国后，康普顿利用单色X射线和布拉格晶体光谱仪进行实验，通过从不同角度测量散射X射线波长，发现散射波中含有波长变长的波，该现象就是著名的康普顿效应。

康普顿指出，散射过程应遵循能量守恒和动量守恒定律，出射X射线波长的变长证明了X射线光子带有量子化动量。1922年，他以"单个光子和自由电子的简单碰撞"理论，对这个效应做出了令人满意的解释。

康普顿效应进一步证实了爱因斯坦的光子理论，揭示出光的波粒二象性。1926年，美国物理学家刘易斯为光量子取了个简洁的名字——光子。康普顿效应是近代物理学的重要里程碑，推动了近代物理学的诞生和发展，也为康普顿本人赢得了1927年诺贝尔物理学奖。

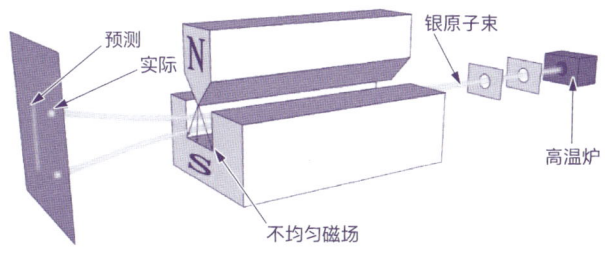

**施特恩-格拉赫银原子束实验**

德国科学家奥托·施特恩（1888—1969）同样在量子理论的验证上做出了关键贡献。1912 年获得博士学位后，他曾作为爱因斯坦的助手在布拉格大学和苏黎世大学工作。带着对量子理论的质疑，施特恩设计了一个实验：让银原子束通过不均匀的磁场后，如果原子束均匀分布，则证明经典理论正确；如果原子束在空间上呈条状分布，即空间量子化，则证明量子理论正确。

1922 年，施特恩与德国物理学家格拉赫合作进行了银原子束通过磁场的实验：银原子在高温下蒸发形成原子束，经过两个细缝聚焦，然后穿过高真空中的不均匀磁场，最终在照相机底片上形成两个黑斑。这一结果有力地证实了玻尔-索末菲的原子量子化模型。这就是科学史上著名的施特恩-格拉赫实验，施特恩因此获得了 1943 年诺贝尔物理学奖。

# 量子群星的摇篮

"索末菲理论班"

1906年,索末菲出任慕尼黑大学新成立的理论物理学院("索末菲理论班")的主任和教授。玻尔提出原子的量子化模型时,索末菲就是量子假说的坚定捍卫者和积极推动者,并于1915年完善了原子模型,构建了玻尔-索末菲模型,为理解原子结构提供了理论基础。基于他自1916年以来在慕尼黑大学授课的内容,索末菲在1922年出版了《原子结构和光谱线》一书。这本书成为第一次世界大战后物理学家研究原子理论的指南,并于1923年被翻译成英文,传播到英国、美国。

1918年10月,18岁的沃尔夫冈·泡利(1900—1958)来到慕尼黑大学读博士。泡利出生于"量子概念年",其父亲是维也纳大学生物化学教授。他从小酷爱读书,才智过人,成绩优异,尤其在数学方面展现出惊人的天赋。泡利自学完大学课程,凭借父亲的推荐信成为索末菲的学生,正式加入理论班。在读博士期

索末菲(1868—1951)

间，泡利经常在课堂上纠正老师的错误之处，并参与了《数理科学全书》第五卷物理学部分的编写和撰稿工作，该书后来成为物理学史上的一部经典之作。

1920年10月，19岁的维尔纳·海森堡（1901—1976）也来到理论班读博士。海森堡的父亲也是慕尼黑大学教授，是索末菲的同事。海森堡与泡利一样，从小才华横溢，对数学和物理学有着浓厚的兴趣。著名数学家赫尔曼·外尔的《空间、时间与物质》令他如痴如醉。从此，海森堡和泡利这两位年轻人共同驰骋在量子世界里，成为日后量子力学的领军人物。

索末菲是量子力学和原子物理学的开山鼻祖人物，也是一位杰出的教育家，培养了很多优秀的理论物理学家。索末菲虽未曾获得诺贝尔奖，但他是历史上培养出最多诺贝尔物理学奖得主的教师之一。

"玻恩幼儿园"

哥廷根大学是德国著名的高等学府，曾培养了四十多位诺贝尔奖得主。1905年就读于布雷斯劳大学的马克斯·玻恩（1882—1970）从海德堡大学、苏黎世大学游学回来，来到了哥廷根大学。当时，学校最耀眼的教授当属号称"数学双星"的希尔伯特和闵可夫斯基，在他们的培养下，玻恩成为一名理论物理学家。

玻恩曾前往英国师从汤姆孙教授学习一段时间，1912年，他与冯·卡门合作撰写了一篇有关晶体振动能谱的论文。1915年，玻恩成为柏林大学理论物理学教授，并与普朗克、爱因斯坦建立了深厚的友谊。1921年，玻恩被聘为哥廷根大学物理实验室主任

玻恩(1882—1970)

和教授，与他一起回到哥廷根大学的还有他的好友、实验物理学家詹姆斯·弗兰克。

1921年夏季，泡利完成了毕业论文《论氢分子离子的模型》，并在慕尼黑大学获得博士学位。在索末菲的推荐下，泡利前往哥廷根大学成为玻恩的助手，投身于量子物理研究。1922年末，索末菲赴美国讲学期间，海森堡来到哥廷根大学，跟随玻恩做研究。海森堡认真听课，踏实工作，积极撰写博士论文，等待导师索末菲回国后进行博士答辩。

1923年7月，海森堡在慕尼黑大学完成了博士论文《关于流体的流动和湍流》的答辩。论文是优秀的，但他对实验物理的轻视，遭到了维恩教授的责难，于是，心高气傲的海森堡投奔玻恩教授，玻恩欣然接纳了他。

在玻恩和弗兰克的领导下，哥廷根大学物理实验室办得有声有色，每星期举办一次"物理结构讨论班"，吸引了世界各地的物理青年才俊前来自由讨论，形成了独树一帜的哥廷根学派，被戏称为"玻恩幼儿园"。这一学派孕育了量子革命中的许多风云人物，包括泡利、海森堡、狄拉克、约尔丹、费米、奥本海默……

1936年，玻恩前往英国爱丁堡大学任教，直至1953年退休。在此期间，他培养了5名中国物理学家，其中就包括荣获"两弹一星"功勋奖章的核物理学家彭桓武、程开甲，以及我国半导体物理开创者黄昆院士。

"玻尔梦之队"

玻尔提出原子的量子化模型后，1916年回到丹麦，担任哥本哈根大学物理系教授，1920 年创建了哥本哈根理论物理研究所。1921 年，玻尔发表演讲《各元素的原子结构及其物理性质和化学性质》，阐述了光谱和原子结构理论的新发展，诠释了元素周期表的形成。20 世纪二三十年代，玻尔的物理研究所成为世界物理学研究中心，也是即将到来的量子理论新革命的策源地，被后世誉为"玻尔梦之队"。

1922 年 6 月，玻尔应邀来到哥廷根大学，开展了一系列关于原子理论的演讲，索末菲也带领他"理论班"的学生参加了此次盛会。如此，量子物理金三角的代表——玻尔、玻恩、索末菲就有了历史意义上的第一次聚会，这当然也是量子物理史上的一次意义深远的思想盛宴。同时，玻尔向泡利和海森堡这两位年轻主帅发出了前往哥本哈根的邀请。

1922 年 10 月，泡利凭借洛克菲勒奖学金来到哥本哈根，成为哥本哈根学派的核心成员之一。1924 年 3 月，海森堡也应邀来到哥本哈根做访问学者。玻尔鼓励畅所欲言、自由讨论，营造了哥本哈根开放、包容的学术氛围，极大激发了两位年轻学者的学术潜能。尤其是泡利，他以尖锐的质疑和不懈的追求，不放过任何一个学术问题，给这里的师生带来了无形的挑战，似乎与谁都"不相容"。在哥本哈根，泡利致力于探索原子光谱学领域的反常塞曼效应，终于在 1924 年底取得了突破，提出了泡利不相容原理。泡利因其挑剔和严格的学术态度，被戏称为"上帝的鞭子"。

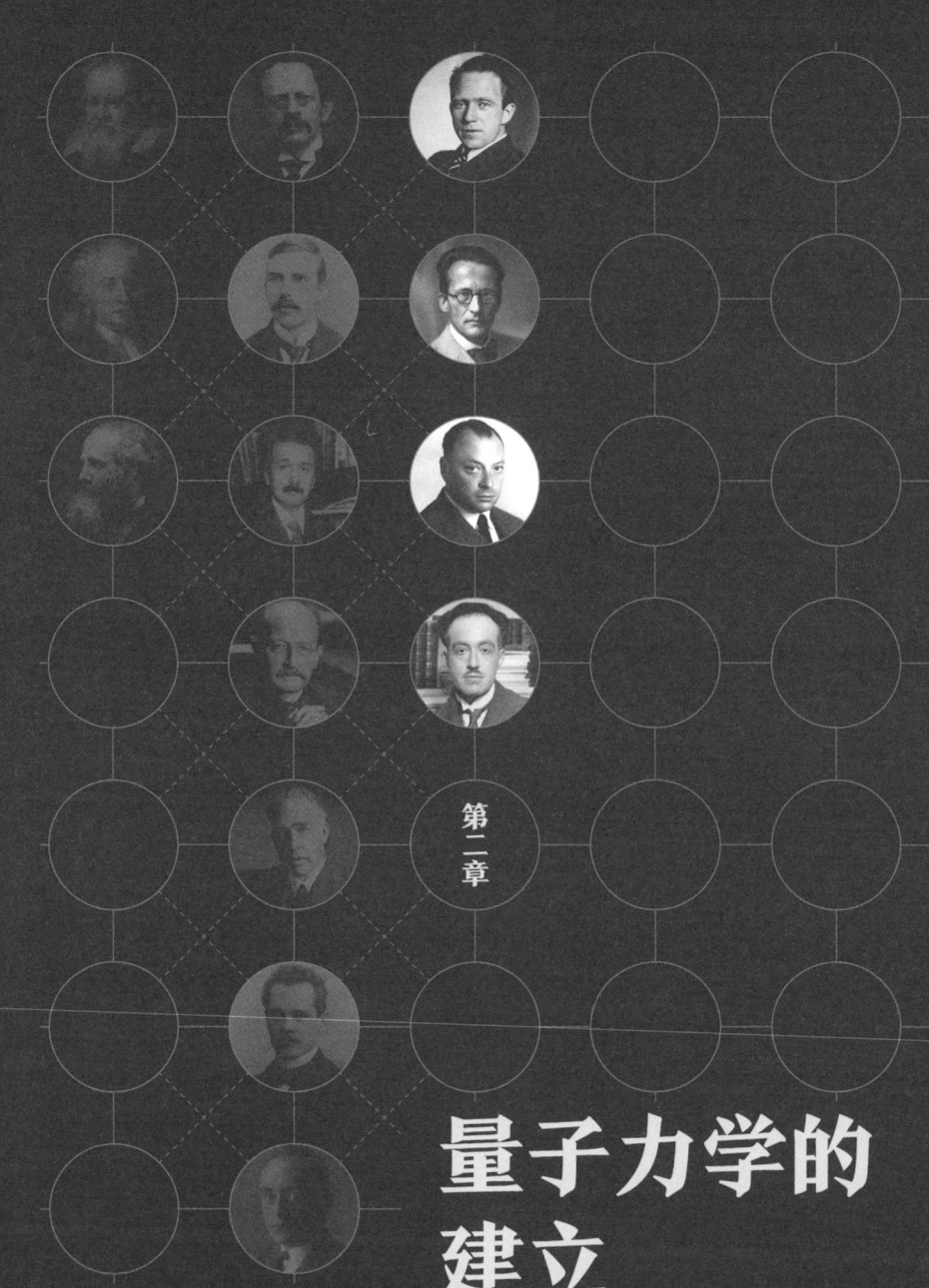

第二章

# 量子力学的建立

# 电子的"波粒双重身份"

从爱因斯坦提出光量子假说,认为光具有波粒二象性,到1922年康普顿效应证实了这一点。这就引发了物理学家对"电子本质"的深刻探讨:作为粒子的电子是否具有波动性?法国物理学家布里渊是第一个提出这一问题的科学家。1922年,他在研究玻尔原子模型时,提出了一个新观点:原子核周围的"以太"会因电子振动而产生一种波,这种波互相干涉,只有当电子轨道半径合适时,才能形成环绕原子核的驻波,因此轨道半径是量子化的。布里渊把自己的这一发现分享给了正在读博士的路易·德布罗意(1892—1987)。从此,电子"波粒双重身份"的探索,即将拉开序幕。

## 德布罗意的物质波

德布罗意出身于法国一个显赫贵族家庭。在一百多年历史中,德布罗意家族曾出现过一位法国总理、一位国会领袖、多位

德布罗意(*1892—1987*)

部长和杰出的驻外大使,也为法国军队输送了多名高级军官。德布罗意自幼酷爱读书,18 岁获得文学学士学位。受哥哥的影响,他阅读了法国数学家、物理学家庞加莱的《科学的价值》《科学与假设》等著作,从而对物理学产生了浓厚的兴趣,转而学习物理,并于 1913 年获得科学硕士学位。第一次世界大战爆发后,德布罗意参加战争,负责无线电通信站的维护工作。1919 年,他重返巴黎大学,师从法国物理学家朗之万教授攻读物理学博士学位。

德布罗意受到布里渊理论的启发,于 1923 年下半年厚积薄发,连续发表三篇论文:《波和量子》《光量子衍射和干涉》《量子、气体运动理论及费马原理》,详细论述了他的革命性发现——物质波理论。

德布罗意基于狭义相对论,认为能量与质量只不过是物质的两种表现形式。他提出,如果将电子的质量视为能量,就可以将能量与频率联系起来,从而推导出物质波的波长公式:

$$\lambda = h/mv = h/p$$

($h$ 为普朗克常数;$p$ 为动量,即质量和速度的乘积)

德布罗意提出了相波概念,旨在解释电子轨道上的问题,即电子在某一个轨道上运动时,伴随的物质波必须具有特定的相位才能产生驻波。他指出相速度不代表物体的实际运动速度,它可以超过光速;而物体的实际运动速度为群速度,不可能超过光速。

德布罗意认定电子具有"波粒二象性",并进一步提出,不仅电子具有波动性,一切物质都有波的性质,因此称为"物质波"。德布罗意举了一个例子:一块石头的质量为 1 kg,飞行速度为 1 m/s,石头运动的波长为 $6.626 \times 10^{-34}$ m,这个波长的数值比原子核的线度还小,以至于无法测量。

1924 年,德布罗意把他的这些观点整理成博士论文《量子理论研究》。这一论文引起了很大争议,连导师朗之万也持不同意见。他把论文寄给爱因斯坦审评。爱因斯坦对物理学的对称性满怀信心,认为既然光波可以是粒子,那么粒子也可以是波。爱因斯坦对德布罗意的理论赞不绝口,并认为"德布罗意揭开了大幕的一角"。后经实验证明,电子确实具有波粒二象性。因此,德布罗意凭借其博士论文获得了 1929 年诺贝尔物理学奖,这在诺贝尔奖历史上十分罕见。

物质波的实验验证

早在 1921 年,美国物理学家戴维孙和他的助手孔斯曼在利用电子轰击金属镍的过程中,发现了一个令人困惑的现象:电子从镍片返回时呈两个角度散射出来,少数"二次电子"竟与轰击镍靶的一次电子具有相同的能量。这一现象在当时无法解释。后来,戴维孙从玻恩那里了解到德布罗意物质波理论,于是在 1927 年,他与物理学家革末重新设计了这一实验,并观测到了类似牛顿环的图案,揭示了电子具有波动性,从而支持了德布罗意的观点。

同时,玻恩的学生埃尔泽塞尔也注意到了戴维孙 1921 年的实验以及德布罗意的物质波理论。1925 年,他在论文《自由电子的量子力学说明》中指出：利用德布罗意物质波理论来解释戴维孙和孔斯曼的散射曲线，一切结果均在意料之中——不仅会出现极大值，还会出现极小值，甚至可以预测这些极值的位置。他还建议用大晶体做这一实验，效果会更明显。埃尔泽塞尔认定电子就是波。爱因斯坦受托审阅了这篇论文，评价埃尔泽塞尔："年轻人，你正坐在一座金矿上。"

电子既然是波，那一定会产生干涉效应，戴维孙和革末更来劲了，重新完善装置以继续实验，并收获了重大惊喜。1927年12月，他们发表论文，证实了电子晶体散射实验的衍射波长完全符合德布罗意的物质波理论。当电子束透射过薄金属铂时，背景屏上显示出与X射线通过晶体粉末时相似的衍射条纹，且实验波长与德布罗意物质波理论波长完全一致。

1927年，英国物理学家乔治·汤姆孙（约瑟夫·汤姆孙之子）也开展了相关实验：利用高能电子透射金属箔，观测到了衍射环，计算出的电子波长符合德布罗意的物质波理论，再次证实了电子的波动性。1937年，戴维孙和乔治·汤姆孙因电子波实验而共同获得诺贝尔物理学奖。

## 海森堡的矩阵力学

1923年下半年,德布罗意发表了三篇革命性的论文,提出了物质波理论。这一理论后来得到了戴维孙的实验验证,迎来了高歌猛进之势。与此同时,海森堡在1924年9月第二次访问哥本哈根大学。此时,玻尔的量子化模型已提出了十年之久,旧量子力学正面临着危机,而泡利在原子理论的研究上刚取得突破,提出了"不相容原理"。

- 旧量子力学通常指的是在现代量子力学发展之前的理论,主要包括玻尔模型和索末菲对玻尔模型的改进与拓展。这些理论尝试通过引入量子化的概念来解释原子光谱等现象,但仍基于经典力学框架。例如,玻尔模型假设电子在特定的轨道上运动,且这些轨道的能量是量子化的。
- 新量子力学则是指20世纪20年代末发展起来的更为

完备的量子理论，包括海森堡的矩阵力学和薛定谔的波动力学等。这些理论不再依赖于经典力学的框架，而是以波函数、概率解释、不确定性原理等为核心，更全面地描述了微观粒子的行为和规律。
- ◆ 旧量子力学理论为新量子力学的发展奠定了基础，提供了重要的启示和过渡。新量子力学的提出标志着物理学对微观世界的理解进入了一个新的阶段。

玻恩审时度势，认为摆脱旧量子力学困境的唯一出路是建立一个完备且逻辑自洽的量子力学公理体系。他首次提出了"量子力学"这一概念，以区分经典力学和电动力学。玻恩提出了"数学对应原理"，主张量子力学应该使用"离散数学"来构建，以与经典物理的"连续数学"相对应，并以量子力学的"差分方程"对应于经典物理的"微分方程"。

基于此，海森堡开始了新的探索。经过一段时间研究，1925年6月，海森堡完成了量子力学史上具有划时代意义的论文《关于运动学和力学关系的量子论重新解释》，并交给了玻恩以求指导，然后就前往英国剑桥大学讲学。玻恩虽未能完全理解这一论文的内容，但他被海森堡的矩阵表格深深吸引，把论文推荐到《物理杂志》发表。这篇论文后来被称为矩阵力学的"一人论文"。

1925年7月，玻恩将论文交给学生帕斯库尔·约尔当。数学能力超强的约尔当不负老师期望，仅用几天就完成了数学推导，并与玻恩合作完成了《论量子力学Ⅰ》，史称矩阵力学的"二人论文"。9月，海森堡、玻恩、约尔当三人启动合作，完成了量子

*海森堡(1901—1976)*

矩阵力学体系，于 1926 年初发表论文《论量子力学Ⅱ》，史称矩阵力学的"三人论文"。自此，科学史上真正建立了新的量子力学体系——量子矩阵力学。这一成就轰动了整个物理学界。此时，薛定谔的波动方程还在酝酿之中，尚未发表，因此海森堡比薛定谔早一年荣获了诺贝尔物理学奖（1932 年）。

海森堡在论文中将光谱产生的离散数据以表格形式呈现，并采用 1858 年英国数学家发明的矩阵方法来表达电子的量子态。但矩阵力学存在一个小问题——不符合乘法交换律，即动量与位置的乘积不符合科学的对称性，也就是 $P \times Q \neq Q \times P$（$P$ 为动量，$Q$ 为位置）。玻恩在当时还提出了一个差值公式：$PQ - QP = (h/2\pi i) I$（$I$ 为单位矩阵）。

在完成"三人论文"后，玻恩于 1925 年 10 月前往美国，到麻省理工学院讲授原子动力学。新的量子理论在美国引起了广泛关注，促使玻恩在美国出版了专著《量子力学》。

# 薛定谔的波动力学

埃尔温·薛定谔（1887—1961）出生于奥地利维也纳，毕业于维也纳大学。他性情浪漫，涉猎广泛，一直对玻尔-索末菲的量子模型感兴趣，但对其"用量子化轨道去解释量化的光谱"却颇感不满，认为光谱应由某个特定值来决定。于是，他尝试从特征函数的角度去解释，但一时之间进展缓慢。与此同时，他的风流韵事却在学术圈内外传得沸沸扬扬。

翻开量子力学的发展史，多少英雄出少年！爱因斯坦在26岁提出光电子假说，玻尔在28岁提出原子量子化模型，泡利在25岁提出不相容原理，海森堡在24岁发明矩阵力学。相比之下，38岁的薛定谔似乎仍一事无成。

1925年10月，薛定谔读了爱因斯坦的论文，并从中了解到德布罗意的物质波理论。他顿时心潮澎湃，怀着极大的热情开始深入研究物质波，并在瑞士苏黎世大学讲授相关课程。当薛定谔把物质波理论讲解得无比清晰透彻时，同事德拜教授（荷兰化学

薛定谔(1887—1961)

## 第二章 量子力学的建立

家）建议他"应该以波函数来描述物质波。"一星期后，薛定谔就成功建立了波动方程。1926年上半年，他陆续发表了4篇论文，着重阐述了波动方程的物理意义。这些论文后来被统称为《作为本征值问题的量子化》，着重阐述了波动方程的物理意义。

- 根据物体的能量守恒关系式 $E=K$（动能）$+V$（势能），$K=\frac{1}{2}mv^2=\frac{p^2}{2m}$（动量 $p=mv$），所以能量关系式可改为 $E=\frac{p^2}{2m}+V$；

- 根据这个能量守恒关系式，薛定谔推导出一个关于微观运动的波动方程，即"薛定谔方程"：

$$E\psi=-\left[\frac{(h/2\pi)^2}{2m}\right](d^2\psi/dx^2)+V\psi$$

（$\psi$ 为薛定谔波函数，E 为总能量、V 为势能、h 为普朗克常数）；

- 他认为粒子运动的物质波形成一个波包，波包的群速度与粒子运动一致，用波函数描述波包。

薛定谔为了证明波动方程的正确性，还将其与经典力学进行类比，最终得出两者之间具有统一性，即一切经典力学都可以用波动学说来解释。然而，经典力学的很多公式主要描述宏观物体的行为，这些物体表现出非波动性。薛定谔认为，经典力学在处理微观粒子上具有局限性。

根据德布罗意和薛定谔的理论，宏观物体如我们人类，其物质波的波长极短，以至于波动性不明显。相比之下，微观粒子如电子和光子具有显著的波动性，这种波动性在研究中不可忽视。因此，在微观尺度上，电子没有固定位置和轨道，而是以波的形式在空间扩散。

对于这一波动理论，有反对者，也有支持者。普朗克和爱因斯坦对薛定谔的才华以及他对波动理论的贡献给予了高度肯定。之后，薛定谔前往柏林大学接替普朗克的职位，并与爱因斯坦成了好朋友。薛定谔的波动方程奠定了量子波动力学的基础，他也因此荣获 1933 年诺贝尔物理学奖。

# 泡利不相容原理

由于玻尔-索末菲的原子量子化模型一直无法解释反常塞曼效应，泡利在慕尼黑大学读博期间，就开始探索原子光谱中的反常塞曼效应。1924年底，泡利在分析大量原子能级数据的基础上，仔细研究了碱金属光谱的双重结构，引入了"经典不能描述的双重值"概念，并发表论文《原子内的电子群与光谱的复杂结构》，其中就提及了不相容原理：任何一个原子中不存在两个或者两个以上的电子处于完全相同的状态；对于给定的三个量子数（主量子$n$、角量子$l$、磁量子$m$），只能容纳两个电子。

从时间上看，泡利不相容原理先于海森堡的矩阵力学、薛定谔的波动方程发表，一经发表就立刻在物理学界引起了强烈反响。1925年1月，美国哥伦比亚大学博士生拉尔夫·克罗尼格正在德国物理学家朗德的实验室访问，得知泡利不相容原理后，向泡利建议"电子自旋的假设"，遭到泡利不留情面的一顿指责。泡利严厉指出："如果电子存在自旋，那么电子表面的线速度将

**泡利**(1900—1958)

超过光速,这是相对论不允许的。"深受打击的克罗尼格没有及时将自己的观点整理成论文——一篇具有开创意义的论文。

1925年7月,两位来自荷兰的年轻物理学家乌伦贝克、高斯密特发表了关于电子自旋的文章,引起了物理学界的高度关注,泡利同样对这两位科学家的观点进行了尖锐的批评。同年12月的一次物理学术会议上,爱因斯坦与玻尔一起讨论电子自旋问题,认为自旋-轨道耦合是解释反常塞曼效应的关键所在。爱因斯坦向玻尔阐述了一个关键观点:自旋-轨道耦合是狭义相对论的一个直接推论。从此,玻尔完全接受了电子自旋的概念。

在玻尔、海森堡的反复沟通下,最终泡利接受了电子自旋。1926年底,继海森堡矩阵力学、薛定谔波动方程发表后,泡利最终引用二分量波函数和泡利矩阵,把电子自旋纳入量子力学的表述。这一过程中,泡利不相容原理得到了进一步的完善和发展:

- ◆ 电子有自旋,自旋向上取 $1/2$,自旋向下取 $-1/2$;
- ◆ 在原描述电子的三个量子数上增加了第四个量子数"自旋角动量",由四个量子数标注一个电子,就叫一个"量子态";
- ◆ 任何一个原子中不存在两个或两个以上的电子处于完全相同的状态。

泡利不相容原理的提出,标志着"建立在对应原理之上的量子论"的理论大厦已完工。泡利成为对量子力学理论体系理解最为深刻且最具权威的科学家之一,并出版了著作《量子论》。不过,泡利的诺贝尔奖来得稍晚,直到 1945 才获得,当时他已任职于普林斯顿大学。值得注意的是,第四个量子数的"二值性",至今还没有得到确切解释。

第三章

哥本哈根诠释

# 量子力学的奠基之争

**波矩大战**

薛定谔波动方程一经发表,就获得了矩阵力学创始人之一玻恩的盛赞,连索末菲也对薛定谔的工作表达了青睐:"虽然矩阵力学的真理性不容置疑,但其处理手段既复杂又抽象。相比之下,薛定谔的波动方程更符合传统物理。"因此,矩阵力学一度遭到冷落,海森堡对此略感不满。

1926年7月,薛定谔访问慕尼黑大学时,做了关于波动力学的演讲。海森堡迫不及待地提出质疑:"薛定谔如何用连续性模型解释光电效应和黑体辐射?"然而,还没等薛定谔回答,校长维恩就马上阻止了海森堡的提问,使海森堡的处境相当尴尬。同年8月,海森堡应玻尔的盛邀前往哥本哈根大学工作,玻尔逐渐集结了哥本哈根阵营,准备应对波动力学的挑战。

随后,玻尔发函邀请薛定谔到哥本哈根大学讲学。1926年9月,薛定谔如期抵达,玻尔亲自到车站迎接。在随后的讨论中,

## 第三章 哥本哈根诠释

两人开展了激烈的辩论。薛定谔抨击玻尔的电子跃迁匪夷所思，简直一派胡言，他认为根据电磁学理论，跃迁必须是连续的。玻尔则反驳说，量子跃迁根本不是传统理论可以解释的，如果没有间断性的跃迁，那么黑体辐射、光电效应又该如何解释？这就是著名的"哥本哈根会战"，也称"波矩大战"。在这场辩论中，矩阵派占了上风，海森堡深感扬眉吐气。

薛定谔回到维也纳后，深入研究了哈密顿理论，并在同年就发表论文《论海森堡、玻恩与约尔当和我的量子力学之间的关系》，证明了矩阵力学与波动力学的数学等价性，指出两种理论可以通过数学变换相互转换，且这种转换是互逆的。与此同时，泡利也独立完成了同样的证明。随着矩阵力学和波动力学数学形式等价性的确立，海森堡的矩阵力学却因缺乏直观性和涉及复杂数学而知者甚少，这对哥本哈根阵营是一个沉重的打击。

### 玻恩的波函数解释

为了探索原子系统的运动规律，薛定谔提出了描述波函数运动状态的薛定谔方程，但并没有阐明波函数与各种物理现象之间的具体联系。玻恩对薛定谔的波动方程表现出极大兴趣，通过深入研究，1926年秋天，玻恩在一系列文章和演讲中，引入了麦克斯韦的分子概率分布理论，对波函数的物理意义做出了经典解释：波函数的平方代表粒子（光子、电子）在空间某点出现的概率，即粒子的概率分布，而我们观察到的点是波函数塌缩的表现。

也就是说，量子力学中的粒子不再像经典力学中的粒子那样有确定的轨道,而是随机地出现于空间中的某个点。例如氢原子,按照玻尔理论,氢核外电子在若干条分立的轨道上运动,以跃迁的方式发生"变轨";而按照玻恩的波函数概率,电子的分布呈现出一种电子云图,即电子在核外空间出现的概率密度分布图,而非确定的轨道。

按照玻恩的解释,量子力学中电子的运动是由弥漫于整个空间的波函数来描述的。波函数无法准确确定电子的位置,某一时刻的电子有可能位于空间中的任何一点,只是不同位置出现的概率不同。也就是说,原子中的电子是由电子在所有固定点的状态按一定概率叠加而成的,即电子的量子"叠加态";而每一个固定点可被认为是电子位置的"本征态",空间中有无穷多个点就是无穷多个位置的本征态。电子状态是无穷多个本征态的叠加,

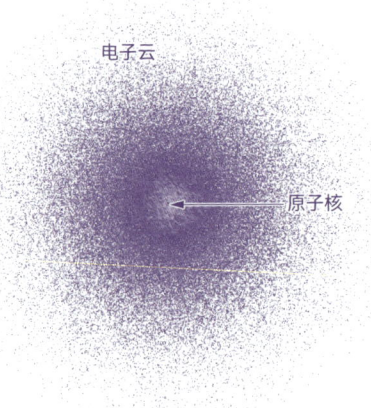

**氢原子的电子云图**

直到我们去测量它，叠加状态下波函数塌缩成一个确定的本征态。这就是微观世界中量子叠加态与波函数塌缩的奇妙现象。

玻恩的波函数概率一经发表，就遭到了爱因斯坦、普朗克的质疑，薛定谔也不赞同这种概率解释，海森堡对玻恩老师的这种不坚定立场感到十分伤心。随着量子力学的深入发展，波函数的概率解释引发了诸多争议，也催生了更多的谜团，如量子纠缠、量子隧道效应（后面章节会详细讨论）。尽管如此，玻恩因其对波函数的统计学诠释而荣获1954年诺贝尔物理学奖，成为量子力学的奠基人之一。

# 量子力学的里程碑

### 海森堡的不确定性原理

1926年10月,泡利在给海森堡的一封信中,对玻恩的波函数概率解释做了详细分析,认为玻恩的解释可以建立起可观测量和不可观测量的电子定态运动之间的联系。同年11月,英国科学家狄拉克提出了变换理论,其中也包含了"测不准"的思想。海森堡对于当时科学界对矩阵力学的忽视感到失望,决心为自己的理论提供一种更直观的表述。

1927年2月,海森堡在玻尔研究所正思索着他与爱因斯坦之前的讨论,为什么测准了位置(q)就测不准动量(p)($pq \neq qp$),反之亦然。这最终促使他形成了海森堡不确定关系式:

$$\Delta p \cdot \Delta q \approx h$$

($\Delta p$ 表示动量的不确定性,$\Delta q$ 表示位置的不确定性,$h$ 为普朗克常数)

1927年3月,海森堡撰写了论文《论量子理论的运动学和力学的直观内容》并发表在《物理学》杂志上,文中系统地阐述了"不确定原理"(测不准原理)的思路和推论。

当时,正在度假的玻尔接到了海森堡的来信后,急忙返回哥本哈根,对海森堡否定电子波动性的观点提出了批评。玻尔认为不确定性应该建立在电子的波动性和微粒性的双重性质基础之上,这一观点似乎比海森堡的更为全面。经过一段时间的"玻海之争",到5月中旬,玻尔最终承认海森堡的不确定原理是量子力学的一个基本原则。

**玻尔的互补原理**

时间到了1927年9月,在意大利北部风景如画的科莫市,召开了一次物理学峰会,汇聚了洛伦兹、普朗克、索末菲、玻恩、玻尔、泡利、海森堡、德布罗意、康普顿、费米、冯·诺伊曼等科学家,爱因斯坦和薛定谔因故未能出席。玻尔经过前段时间的思考,在这次峰会上发表了题为"量子公设和原子理论的最近发展"的演讲(史称科莫演讲),首次阐明了他的互补原理思想:

- ◆ 波动性和粒子性是互斥又互补的;
- ◆ 两类不同的实验场合(或观测方式)也是互斥又互补的;

互补原理告诉我们:量子力学中,我们无法使用经典的波动和粒子概念，这两个概念是互相排斥的。当我们看到波动现象时，粒子现象就消退了；当我们看到粒子现象时，波动现象就隐藏了。在某个特定的观测条件下，粒子（电子或光子）不会同时展现两种性质，因此波动实验与粒子实验是互斥的。例如，当粒子打在观测屏幕上时，它们呈现的是粒子性；当粒子通过双缝实验时，则表现出波动性。

继矩阵力学、波动力学之后，量子力学的理论发展迎来了哥本哈根诠释，其中就包括玻恩的波函数概率解释、海森堡的不确定原理、玻尔的互补原理。这些理论标志着哥本哈根学派的形成，其核心成员有玻尔、玻恩、泡利、海森堡、约尔当和后起之秀狄拉克等。这些科学家性格各异，魅力四射，共同推动了量子力学的发展，为现代物理学的进步奠定了坚实的基础。

狄拉克方程

英国物理学家保罗·狄拉克（1902—1984），他的父亲出生在瑞士一个说法语的家庭。在父亲的严格教育下，狄拉克从小只被允许讲法语，这种教育方式塑造了他沉默寡言、固执己见的性格。尽管如此，天资聪颖的狄拉克自幼对知识有着浓厚的兴趣，尤其酷爱读书。

1923年，狄拉克在大学毕业后，考取了剑桥大学数学物理系研究生，师从福勒教授。他钻研相对论、量子力学、统计力学，短短两年内就发表了37篇论文，并形成了自己独特的学术风格。他通过深思熟虑，把一个观点构建成逻辑严密的框架；之后，当

狄拉克（1902—1984）

他把这些观点付诸笔端时，不仅概念表达清晰，同时文笔优美、流畅。这种独特的风格引起了剑桥大学物理系教授们的注意。

1925 年，狄拉克阅读了海森堡的"一人论文"后，就独立推导出量子力学的矩阵力学表述：$xy - yx = \dfrac{ih}{2\pi}[x, y]$（其中，x 为位置，y 为动量）。当他与海森堡分享这一成果时，海森堡告诉他此成果已由德国科学家先行完成了，但狄拉克的表述更为精炼。随后，薛定谔在 1926 年发表了波动方程，于是狄拉克也投身于波动方程的研究中。

为了搞清量子物理中的科学问题，固执的狄拉克从 1926 年 9 月开始游历欧洲，访问了量子物理重镇，如丹麦的哥本哈根、德国的哥廷根等，会见了几乎所有的量子物理领军人物。当时，以玻尔为中心的哥本哈根学派已初具规模。

经过近两个月的出国访问，狄拉克完成了"狄拉克变换"的构建。1927 年，他提出了一个能包含电子自旋的相对论量子力学波动方程——狄拉克方程：

$$\left(\dfrac{W}{c} + \alpha P + \alpha_4 m_0 c\right)\psi = 0$$

其中，W、P 为动量，$\alpha_4$ 为矩阵，$m_0$、c 分别为光子的静止质量和光速，$\psi$ 为波函数。

1928 年初，狄拉克在《皇家学会学报》上发表了划时代的论文《电子的量子理论》，系统阐述了狄拉克方程。这标志着量子力学数学建模的最终完成。1930 年，狄拉克出版了他的经典著作《量子力学原理》。1933 年，年仅 31 岁的狄拉克因对量子力学的卓越贡献，与薛定谔共同荣获诺贝尔物理学奖。在物理史上，狄拉克与牛顿、麦克斯韦、爱因斯坦并列，成为一位划时代的物理大师。

第四章

# 量子力学的挑战

## "上帝掷骰子吗"

科莫会议后,1927年10月,第五届索尔维会议在比利时布鲁塞尔召开,国际物理学界的29位杰出代表汇聚于此。其中就包括老一辈物理大师洛伦兹和居里夫人,量子革命的先驱普朗克、

第五届索尔维会议的著名合影

# 第四章 量子力学的挑战

爱因斯坦、玻尔、玻恩,以及量子革命的新星泡利、海森堡、狄拉克、德布罗意和薛定谔。他们留下了一张弥足珍贵的合影,成为历史的见证。

这次会议的主题是"光子和电子"。哥本哈根诠释的诞生已经使当时的物理学界形成了两大阵营:一派是支持哥本哈根诠释的激进现代派,代表人物有玻尔、玻恩、泡利、海森堡、狄拉克等;另一派是反对哥本哈根诠释的保守经典派,代表人物有普朗克、爱因斯坦、德布罗意、薛定谔和洛伦兹等。

### 泡利 VS 德布罗意

会议伊始,实验物理学家威廉·布拉格就 X 射线实验成果做了报告。随后,康普顿阐述了他的实验结果与经典电磁理论之间的不一致性。讨论尚未结束,德布罗意就抛出了他的"双重解理论",认为微观粒子具有确定的质量分布和位置,表现出粒子性;同时,这些粒子也遵循波动方程,展现出波动性。德布罗意的理论主张微观粒子既具有粒子性也具有波动性,直接挑战了互补原理。

泡利对此提出了尖锐的批评,认为德布罗意的工作是历史的倒退,并直言不讳地指出:"如果按照你的理论,连普朗克公式都无法得到。"泡利一如既往地犀利,依旧保持着他那爱争论的风格。紧接着,玻恩和海森堡针对德布罗意的理论,介绍了他们在量子力学的最新进展。

薛定谔则站在德布罗意一边,支持他的理论,并介绍了自己的波动力学。海森堡迅速对波动方程提出批评,指出波动力学没有考虑电子的自旋和相对论效应。薛定谔承认波动力学不是完美的，但同时强调哥本哈根学派的量子理论也是不完备的，而且也无法证明量子轨道的存在。会场内的每个人都要求发言，导致秩序一度陷入混乱。最终，70 多岁的主持人洛伦兹不得不拍桌子以期大家平静下来。

**玻尔 VS 爱因斯坦**

玻尔终于发言了。起初，爱因斯坦对玻尔的互补原理点头赞许，但当讨论转向概率论和不确定原理时，他保持沉默并陷入了沉思。爱因斯坦随后走上讲台，在黑板上画了一条细缝，表示如果电子通过细缝后随机落在 A 点，那么就不会落在 B 点，如果能精确控制电子的速度和位置，那么当速度和位置都确定后，不确定原理就不存在了。

玻尔冷静思考后，走上讲台，在电子旁边画了两个光子，说："用光子测量电子的速度和能量，光子本身也会对电子的能量产生影响。"爱因斯坦闭目沉思，然后在黑板上画了另一条细缝，质问玻尔："难道一个粒子能同时经过两条细缝吗？如果测量出粒子最初的动能，那就完全可以确定它的位置和能量。"玻尔回应说："爱因斯坦先生，我想我应该提醒您，粒子已经发生自我干涉了。"

这场为期六天的会议见证了爱因斯坦与玻尔之间激烈的辩论。爱因斯坦每天清晨都会提出前一天晚上精心构思的思想实验，试图证明量子力学概率诠释和不确定性原理的荒谬性，以期难倒玻尔。然而，玻尔总能化解困境。最终，在略显尴尬的局面下，爱因斯坦提出了他著名的论断："上帝不掷骰子（电子的运动怎么可能是随机的呢?）。"这场辩论成为科学史上著名的"玻-爱之争"。

　　从此，哥本哈根诠释得到了更广泛的认同。尽管爱因斯坦一直认为只有存在一个隐变量，哥本哈根诠释才能完整，但他对诠释的质疑也功不可没。爱因斯坦固执地认为，自然规律表现出来的随机性只是表面现象。例如，电子波函数塌缩得到自旋为上的结果，看似是随机的，实则是被深层的"隐变量"预先决定的。如今，爱因斯坦去世大约 70 年了，哥本哈根诠释的难题依然悬而未决，科学家至今未找到隐变量的证据。

# "光盒佯谬"

1930年10月,第六届索尔维会议在比利时布鲁塞尔如期召开。过去的三年里,哥本哈根诠释迅速发展,狄拉克方程把哥本哈根学派的思想转化为严密的数学方程。这些观点被编入教科书,哺育着新一代物理学家,并稳稳地占据了物理学界的统治地位。而爱因斯坦坚持认为哥本哈根诠释只是权宜之计,他坚信微观粒子的行为在原则上是严格确定的,认为哥本哈根诠释必然存在无法克服的内在矛盾。

在一次早餐会上,爱因斯坦抛出了一个名为"光盒佯谬"的思想实验,试图推翻不确定原理。他通过这个实验,展示了一个理想化的光盒,其中包含一个光子,以此来探讨能量和时间的不确定性关系,进而质疑量子力学的基本原理。

如图所示,一箱子里有若干个光子,箱子上有个开关,可以在足够短的时间内每次只释放一个光子到箱子外。先确定好时间 $\Delta t$,再用一个理想的秤测量箱子的质量,前后相差 $\Delta m$,根据质能方程，可以计算出箱子损失的能量 $\Delta E = \Delta m \cdot c^2$，这样一来，$\Delta E$ 与 $\Delta t$ 无关，使得 $\Delta E \times \Delta t < h/4\pi$，因此能量的不确定性荡然无存，表示能量可以测准。对于这突如其来的质疑，玻尔有点不知所措。

玻尔思索了一天，提出了他的思维实验。他设想将箱子放在引力场中，然后用秤测量。当箱子里的一个光子逸出时，箱子也要向上运动一段距离。根据广义相对论，逃逸的光子频率会发生位移，这意味着能量 $E = hf$ 也不能完全确定。此外，由于箱子在引力场中发生了移动，根据广义相对论，箱子里时间也会发生变化，因此 $\Delta E$ 与 $\Delta t$ 是相互关联的，且计算得出 $\Delta E \times \Delta t \geqslant h/4\pi$。这一结果表明，不确定原理依然成立。

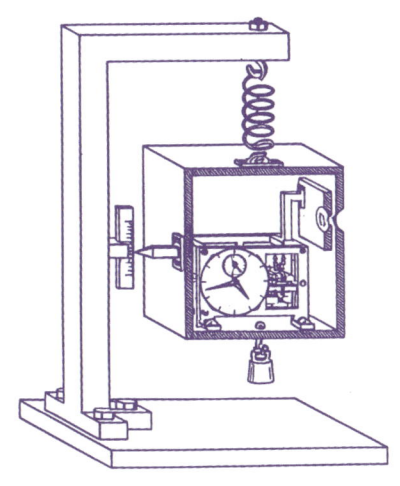

爱因斯坦光盒佯谬示意图

玻尔的精彩反驳让爱因斯坦和其他物理学家感到惊讶。经过这两届索尔维会议的论战，哥本哈根诠释的逻辑自洽性经受住了严峻考验。爱因斯坦放弃了对不确定原理的质疑，但对量子力学概率的诠释一直耿耿于怀。

## "幽灵般的超距作用"

1933年,第七届索尔维会议如期举行,薛定谔和德布罗意出席了会议,但他们沉默了许多,事出有因。其一,爱因斯坦受纳粹迫害,1932年移民到了美国,因此没有出席这次会议。其二,匈牙利裔美国数学家、物理学家冯·诺伊曼在1932年出版了著作《量子力学的数学基础》,为量子力学提供了严密的数学基础,其中还证明了隐变量理论的不可能性。

但爱因斯坦对量子力学的思考没有停止。1935年,爱因斯坦(名字首字母为E)、波多尔斯基(P)和罗森(R)发表论文《能认为量子力学对物理实在的描述是完备的吗》,挑战了粒子的自旋,这就是历史上著名的EPR佯谬。

EPR佯谬中提出一个双粒子的位置和动量的思想实验。假如有个大粒子迅速衰变成2个小粒子A与B,它们朝两个相反的方向飞去。假设粒子有两种可能的自旋,分别为"上"和"下",根据角动量守恒,如果A为"上",那么B必然为"下",反之亦然。也就是说，构成量子纠缠的两个粒子 A 与 B 朝相反方向飞奔，无论相距多远，只要不与第三者相互作用，它们的速度和自旋永远相反。

① 当我们测量粒子 A 的速度时，也就知道了 B 的速度，同时在 B 端测量 B 的位置，从而同时测到 B 的速度和位置。这就违反了"不确定原理"。

② 根据量子力学的说法，两个粒子的自旋应该处于某种叠加态，比如"A 上 B 下"和"A 下 B 上"各占一定概率的叠加态。测量 A 波函数塌缩为"上"，那么"B"一定为"下"，但是此时 A、B 已经相隔非常远，难道粒子 A 和粒子 B 之间具有某种方式及时地"互通消息"？即使存在这种通信，显然也超过了光速，爱因斯坦称这种现象为"幽灵般的超距作用"。显然，这与相对论严重不符。

"幽灵般的超距作用"示意图

因此，爱因斯坦认为这构成了佯谬，因为量子力学违背了经典物理的三个基本假设（守恒律、确定性、局域性）。EPR 佯谬的作者们得出结论：玻尔等人对量子理论的概率解释是站不住脚的。

很快，玻尔全力以赴撰写了反驳论文，发表在《物理评论》上。

① 玻尔认为爱因斯坦错误地将观测手段与客观世界截然分开。在量子力学中，观测手段会影响结果，微观世界的现象只有与观测手段一同考虑才有意义。在观测前谈论每个粒子的"自旋"是"上"或"下"没有任何意义。

② 两个粒子一旦形成一个互相纠缠的整体，只有用波函数描述的整体才有意义。我们不能将它们视为相隔甚远的两个个体，既然是协调相关的一体，它们之间就不需要传递任何信息。

EPR 佯谬实际上揭示了两种哲学观的根本区别，即爱因斯坦的"经典局域实在观"和哥本哈根学派的"量子非局域实在观"的区别。

## "薛定谔的猫"

玻尔对 EPR 佯谬进行反驳后不久,薛定谔就提出了"薛定谔的猫"这一思想实验,用以质疑哥本哈根学派对波函数的概率解释。具体实验设想:把一只猫放进一个封闭的盒子里,盒子里有一个装有毒气的容器,这个容器的开启由一个与放射性原子衰变相关的装置控制。由于放射性是一种量子现象,其本质上有概率属性。假设这个原子的原子核有 50% 的概率发生衰变,衰变时发射出一个粒子,触发机关,释放毒气,从而杀死这只猫。根据量子力学原理,研究者未进行观察时,这个放射性原子核处于已衰变和未衰变的叠加态,因此这只猫也相应地处于"死"和"活"的叠加态。

薛定谔认为:一只猫要么是死的,要么是活的,怎么可能同时处于非死非活、又死又活的状态?这显然是严重违背我们日常经验的荒谬结果。

虽然"薛定谔的猫"这一思想实验在逻辑严谨性上不如

"EPR 佯谬",但是它形象生动,能直观地展示量子力学中的一些奇特现象,从而调动了人们的情绪,因此它在公众中更为知名,至今仍然是量子力学讨论中的一个热点话题。

"薛定谔的猫"示意图

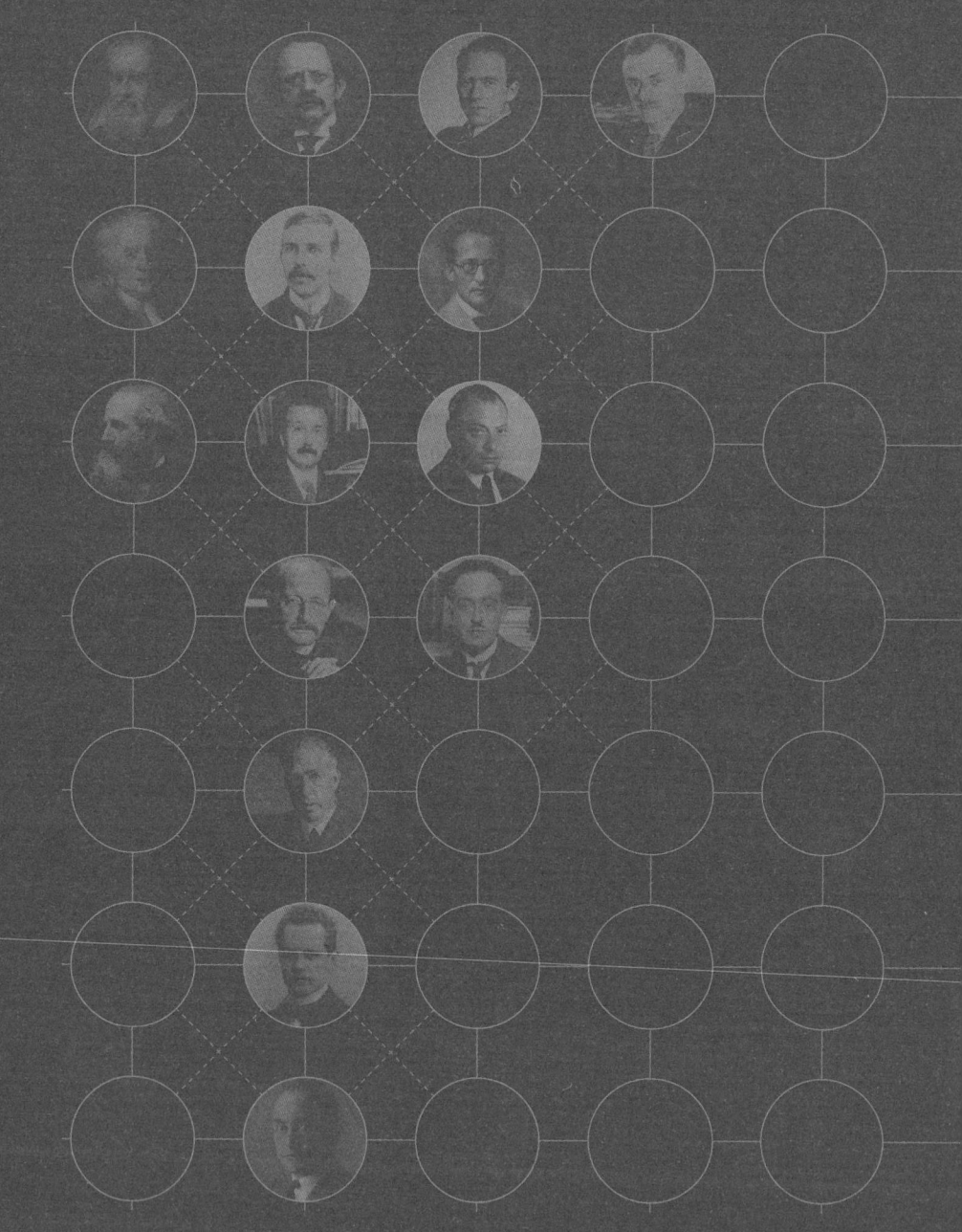

第五章

# 征服
# 原子世界

# 原子核结构之探

**量子统计理论**

萨特延德拉·玻色（1894—1974）出生于印度加尔各答，曾在当地的院长学院接受教育。他学习刻苦且成绩优异，受几位优秀老师的启发，立志投身于物理学研究。他在加尔各答大学、达卡大学物理系担任教职，并从事科研工作。

1924年，玻色写了一篇推导普朗克量子辐射定律的论文，但因文中未引用任何经典物理理论而遭到拒绝，未能发表。随后，他把论文直接寄给了爱因斯坦。爱因斯坦意识到这篇论文的重要性，将其翻译成德文，以玻色的名义发表在《德国物理》学刊上。这就有了论文《普朗克定律和光量子假说》。

玻色首次提出麦克斯韦-玻尔兹曼分布对微观粒子不成立，因为海森堡测不准原理在微观层面上导致的变动足够大，从而构成影响。因此，玻色强调在每个体积为 $h$ 的位相空间中找到粒子的概率，舍弃粒子的具体位置和动量。爱因斯坦采纳了这个概

# 第五章 征服原子世界

玻色(1894—1974)

念,并将其拓展到原子领域,对玻色的思想做了深化和拓展,从而开创了量子统计这一革命性的新方法,即"玻色-爱因斯坦统计"。

恩里科·费米(1901—1954)出身于意大利罗马,1922年在比萨大学获得博士学位。1923年冬天,他前往哥廷根的"玻恩幼儿园"进修了7个月,随后在荷兰莱顿研究所工作了3个月,并结识了许多物理学家。1926年,费米回到罗马大学担任理论物理教授。

当时,理解电子的某些性质还存在挑战,如常温下对热容产生贡献的电子数量要远远少于传导电子数量等问题,当时的理论难以解释这些现象。1926年,费米发表了论文,其中就描述了满足泡利不相容原理的大量粒子分处不同量子态的统计规律。同年晚些时候,狄拉克也发表了类似的论文。这一统计规律因此被物理界称为"费米-狄拉克统计"。

几年后,狄拉克提出:凡不遵守泡利不相容原理且符合"玻色-爱因斯坦统计"的粒子(如光子)被称为"玻色子",它们负责传递物质的相互作用;凡遵守泡利不相容原理且符合"费米-狄拉克统计"的粒子(如电子)被称为"费米子",它们构成了物质的基本结构。

质子与中子的发现

自从卢瑟福发现原子核后,两大阵营围绕着电子、光子搞得不可开交,量子力学理论也应运而生。然而,卢瑟福等一批科学家没有就此止步,他们继续深入探索原子核的内部结构。

费米(1901—1954)

卢瑟福擅长利用强磁场来"观察"三种射线：α 射线，一种带正电的粒子流，其穿透能力很小；β 射线，一种带负电的粒子流，穿透能力强；γ 射线，一种不带电的粒子流，与光子类似，但其穿透力远超光子。詹姆斯·查德威克是卢瑟福的学生，1919 年，卢瑟福赴任剑桥大学卡文迪许实验室主任时，查德威克也随同导师前往剑桥继续开展物理研究。

1919 年，卢瑟福利用 α 粒子轰击氮原子核，从中打出了氢核。氢核带一个正电荷（与电子相反），质量为电子的 1 836 倍。氢原子是由一个电子和一个氢核组成的，而其他多电子的原子核的电荷数正好是氢核电荷的整数倍，质量也大致是氢核质量的整数倍。由此他推论，氢核是一种基本粒子，原子核由数量不等的氢核组成。科学家将氢核这种基本粒子命名为"质子"。

卢瑟福的诸多重大发现都与 α 射线的研究密切相关，那么 α 射线究竟是什么呢？经过深入研究，卢瑟福发现 α 粒子是一种带两个正电荷的粒子，其质量大约是电子的 7 300 倍。他进一步实验，让 α 粒子吸收两个电子，结果其形成了一个氦原子。由此，卢瑟福断定 α 粒子就是氦原子核。1920 年，卢瑟福提出假设：氦原子的原子序数为 2，有两个核外电子；氦原子核由 4 个质子和 2 个电子组成，核中一个质子和一个电子组成的电中性复合粒子为"中子"。这样，卢瑟福初步阐述了原子核的组成。

时间到了 1928 年，德国物理学家沃尔特·波特在用 α 粒子轰击铍的实验中发现了穿透力超强的中性射线，其强度明显大于 γ 射线，但其特性与 γ 射线相似。1930 年，波特发表了实验结果。这一发现引起了法国科学家伊雷娜·居里（居里夫人的女儿）及

## 第五章 征服原子世界

**查德威克**(*1891—1974*)

其丈夫弗雷德里克·约里奥-居里的注意,他们重做了实验,发现这种射线居然能从石蜡中激发出质子流,显示出强大的穿透力。他们最初以为这是 γ 射线,并于 1932 年 1 月发表了研究报告。

这一时期的查德威克已拥有丰富的理论和实验经验,基于伊雷娜的报告,他开展了多次实验,并提出一个大胆的假设:"如果这种放射物质由质量为 1、电荷为 0 的粒子(即中子)构成,那么一切难题都将迎刃而解。"根据卢瑟福的原子模式,氮核含有 14 个质子和 7 个电子,总数为 21,是一个奇数,具有半整数的自旋。这不符合玻色-爱因斯坦统计的玻色子具有整数自旋的特性。而按照查德威克模型,氮核由 7 个质子和 7 个中子组成,总共有 14 个基本粒子,符合偶数基本粒子的要求。

经过反复论证,科学共同体最终认定了中子是一种新的基本粒子,原子核由质子与中子组成,而 α 粒子(氦原子核)则由 2 个质子与 2 个中子组成,即具有 2 份电荷和 4 份质量。中子的发现是量子力学发展史上的又一个新的里程碑,查德威克因此获得了 1935 年诺贝尔物理学奖。

**量子隧道效应**

乔治·伽莫夫(1904—1968)是著名的核物理学家、宇宙学家,1904 年出生于俄国敖德萨一个世代军官家庭,1926 年毕业于列宁格勒大学,1928 年获得德国哥廷根大学量子物理博士学位。1928—1931 年,他先后在丹麦哥本哈根大学和英国剑桥大学分别师从著名物理学家玻尔和卢瑟福,从事前沿的物理研究工作。

# 第五章 征服原子世界

伽莫夫（1904—1968）

1928年，伽莫夫提出用质子代替α粒子轰击原子核，这一创新想法对核物理学的发展具有重要意义。

当时，物理学家一直困惑于α放射性衰变现象：一个原子核通过自发地发射一个α粒子（氦原子核）而转变为另一种较轻的原子核，那么，α粒子为什么会自发地从原子核中飞出来呢？1928年，伽莫夫提出了量子隧道效应，解释了原子核的α衰变过程。

伽莫夫认为，原子核内部存在一种很强的作用力（核力），可将核内质子紧密地吸引在一起，并把它们限制在小小的原子核内部。根据量子力学，由于α粒子具有波动性，粒子不需要具有比位势垒还高的能量就能以一定的概率穿透势垒，从而挣脱原子核的束缚而逃到核外。他用薛定谔方程推导出进行α衰变的放射性粒子的半衰期与能量之间的关系方程，并根据量子隧道效应建立了α粒子的衰变理论。量子隧道效应不仅解释了许多物理现象，还推动了隧道二极管和扫描隧道显微镜的发明。

在游学期间，伽莫夫和玻尔共同提出了原子核的"液滴模型"——原子核或许并不是一个坚硬的粒子，而更像一滴水。这为物理学家提供了新视角。1931年，伽莫夫回到列宁格勒大学担任教授，因对苏维埃政权的残酷镇压持不同意见，他在1933年趁参加索尔维会议之际前往法国巴黎，于1934年移居美国，并在华盛顿大学担任教授。

# 原子核的"黄金年代"

20世纪20年代末,以核外电子为主要研究对象的原子物理学发展到了一个新阶段,哥本哈根诠释在量子力学领域崭露头角。随着质子、中子的发现,原子核又成了一个科学"新大陆"。20世纪30年代无疑是量子物理史上一个"黄金时代"。

1932年2月,美国《物理评论》发表了哥伦比亚大学化学教授哈罗德·尤里等人的论文,其中报道了质量为2、电荷为1的氢的同位素(后来命名为氘)。而新发现的中子刚好给这种原子结构提供了合理的解释,而氘的发现为核反应堆的研发工作提供了重要的慢化剂和冷却剂,尤里也因此于1934年获得了诺贝尔化学奖。第二次世界大战期间,尤里在曼哈顿计划中主要负责以扩散法分离同位素的工作。

1932年8月,美国加州理工学院的卡尔·安德森通过云室观察实验发现了一个正电粒子的运行轨迹,而这个粒子不是质子,当时,他并不知道狄拉克关于正电子的预言。安德森通过分析粒子径迹后断言这是一种带正电荷的电子，即正电子。这一发现为他赢得了 1936 年诺贝尔物理学奖。

1934 年，约里奥-居里夫妇通过用 α 射线轰击铝核，使铝衰变为磷核不稳定同位素，在停止 α 射线的轰击后，铝核依然发射出正电子，这意味着除了天然的放射性之外，人工放射性也是可能的。1935 年，约里奥-居里夫妇因人工放射线的发现而获得了 1935 年诺贝尔化学奖。

1931 年，美国《物理评论》刊登了美国加利福尼亚大学伯克利分校物理学教授欧内斯特·劳伦斯（1901—1958）的一篇论文，其中就详细介绍了他研制的回旋加速器这一重要成果。早在 1929 年，劳伦斯受到德国一位科学家关于正离子多级加速理论的论文启发，就开始了回旋加速器的构想。1930 年，他研制出了第一台回旋加速器，其直径只有 11 厘米，使用 1 000 伏的电压就可以将质子加速到 80 000 电子伏的能量。之后，他又制造了一个能量更强大的加速器，其直径达到 68.8 厘米，为人类探测微观世界开辟了一条崭新的道路。1939 年，劳伦斯因回旋加速器的发明而获得诺贝尔物理学奖。为了纪念这伟大的科学家，人们将 103 号元素命名为"铹"，以此向他致敬。

得益于原子物理学领域取得的一系列重大发现，1933 年 10 月在布鲁塞尔举行的第七次索尔维会议上，原子核成了会议讨论的焦点。物理学界的精英济济一堂，包括老一辈的居里夫人和卢瑟福，年轻一代的查德威克、玻特、伊雷娜·居里、约里奥-居里、劳伦斯、费米、伽莫夫和泡利等杰出科学家。

原子世界的科学进展在这一时期呈现出突飞猛进的态势。质子、中子和电子这三种基本粒子共同构成了元素周期表中所有化学元素的原子，而质子数是决定化学元素性质的关键因素。每个原子内部含有相同数量的质子和电子，使得原子呈电中性。失去了一些电子的原子，就会转变为带正电的离子。通过改变原子核内中子的数量，可获得化学元素的各种同位素。

以碳的三个同位素为例，它们的原子核都含有6个质子，但中子数分别为6、7、8。其中，碳-12是最稳定的，而碳-14具有放射性。在生物体存活期间，碳-12和碳-14在其体内以一种相对固定的比例存在。而生物体死后，其体内的碳-14含量会逐渐稳定下降。由于碳-14的半衰期约为5730年，科学家通过测量生物遗骸中碳-14的含量，估算出动植物样本的年代。这种方法在考古学领域得到了广泛应用，为确定古代生物遗骸的年代提供了可靠的依据。

# 中微子与介子

**费米的中微子：衰变中的能量"失窃"之谜**

卢瑟福已证实了 β 射线是带负电荷的电子流，来自原子核。1932 年 1 月，查德威克已发现中子，揭示了原子核是由质子和中子组成的，原子核内并没有电子。那么，β 射线中的电子是如何"无中生有"的呢？

β 射线是放射性元素衰变时产生的。在 β 衰变过程中，放射性元素放射出一个带负电的高能电子，使得元素在周期表中向相邻的下一个元素移动（向右移动），增加一个单位的电荷，质量数保持不变，但总质量会略有减少，似乎有一部分能量"失窃"了。这究竟是什么？

1930 年 12 月，泡利给出了一个假设：在 β 衰变中，除了发射一个电子外，还发射了一个难以观测的粒子。这个粒子不带电（中性），质量比电子更小，具有 1/2 自旋，是一种费米子。β 衰变中"失窃"的能量就是被它携走的。这个假设引起了时年 29 岁的费米的注意。

1932年，查德威克认为原子核是由质子和中子组成的。而费米则以量子化的眼光看待原子核世界，把质子和中子视为两种不同的量子态，而非本质不同的两种粒子。他认为质子和中子之间可以通过能量态的跃迁相互转化。因此，只要有一个"弱相互作用力"作用于原子核，使一个中子从原先的能量态跃迁到质子的能量态，这一过程中就会辐射一个电子和"中微子"，以保持质能守恒。这个中微子就是泡利假设的费米子，它呈中性、具有1/2自旋、质量比电子轻。费米把泡利的假说系统化和量子化，写出了一篇关于中微子的论文，并于1934年发表。

牛顿提出了万有引力，麦克斯韦提出了电磁力。1928年，伽莫夫提出了原子核内存在一种核力（即强相互作用力，简称强核力），把核内的粒子吸引在一起。费米提出了弱相互作用力（简称弱核力），至此，我们所认识的宇宙中的四种基本力就齐了。

## 汤川秀树的介子

汤川秀树（1907—1981）出生于日本东京。1922年，爱因斯坦的日本之行激发了他对物理学的浓厚兴趣，从而选择这一领域作为研究方向。1929年，汤川秀树从京都大学毕业后留校任教，同时开展物理学研究。深受导师长冈半太郎的影响，他立志要在物理学领域取得成就。1933年，汤川秀树前往大阪大学任教，投身于原子核和量子场论的研究。

核力（强核力）理论的提出一时引起物理学界的广泛关注。什么样的力能使200多个质子和中子克服电磁斥力而紧密地结合在一起？汤川秀树选择这一课题作为自己的奋斗目标。当时已知

汤川秀树(*1907—1981*)

电磁力是通过交换光子而形成的力,汤川秀树由此提出"核力是通过交换电子而产生的力",并于1933年发表论文《关于核内电子问题的考虑》,却遭到了物理学界的否定。

汤川秀树进一步研究发现,这种媒介粒子的质量与其作用范围之间存在一种反比关系:质量越小,作用范围越大,反之亦然。光子没有静止质量,因此它传递的电磁力的范围趋向无限大。汤川秀树根据不确定性原理和相对论原理,计算出这种媒介粒子的质量大约是电子质量的200倍,命名此粒子为"介子"(后被称为"$\pi$介子"),意为质量介于质子和电子之间。1934年11月,27岁的汤川秀树在大阪召开的一次物理学会上公布了这一理论。1937年,玻尔访问日本,汤川秀树向玻尔汇报介子研究工作,但遗憾的是,当时并未取得新进展。随后,汤川秀树将他的论文寄给了美国物理学家奥本海默,希望得到进一步的交流与合作。

1937年,安德森(曾发现了正电子)通过宇宙线实验又发现了一个新粒子,其质量大约是电子质量的200倍。奥本海默得知安德森的这一发现后,认为新粒子就是汤川秀树所预言的介子,从此介子理论得到广泛传播。直到1947年,英国物理学家塞西尔·鲍威尔利用核乳胶照相技术研究宇宙射线时,发现胶片记录下了$\pi$介子衰变为$\mu$子($\mu$子的性质与电子非常相似,但质量比电子大得多)的全过程。至此,汤川秀树的介子理论在提出13年后得到了证实。汤川秀树因预言了介子的存在而获得1949年诺贝尔物理学奖,成为日本第一个诺贝尔奖获得者。鲍威尔因发展了研究核过程的照相方法,并使用这种方法发现了介子而获得了1950年诺贝尔物理学奖。

# 中子轰击与核裂变

### 中子轰击原子核

原子研究依赖于光谱,因为光谱是电子跃迁时"发布的信息"。原子核研究依赖于放射性射线,因为这些射线是核衰变时"释放的信号"。传统的原子核研究方法是以α粒子轰击原子核,但意大利科学家费米想到了用中子轰击原子核。毕竟相比α粒子,中子呈电中性且质量较小,更适合探索原子核。尽管当时罗马大学的物理实验设施相对落后,但在科尔比诺主任的支持下,费米及其团队建立了第一个云室,实验条件有所改善。此外,费米的助手拉塞迪已掌握了获得中子的方法,之后费米对这一方法进行了改进,采用氡和铍的组合来产生更强的中子源。

从1号元素氢到9号元素氟,费米团队逐一用中子进行了轰击。1934年3月,费米在意大利《科学研究》杂志上发表论文《由中子产生的放射性Ⅰ》,报道了他们的实验成果。在随后的几个月里,费米团队继续实验,轰击了68种元素,并发现了47种新的放射性元素。他们的研究一直进行到 91 号元素镤，且每次嬗变后元素的原子序数都增加了一位。

接着，他们对元素周期表的最后一位——92 号元素铀进行轰击。铀在吸收了中子之后，似乎迅速地发射出一个电子，随后嬗变为原子序数为 93 的新元素。科尔比诺迫不及待地宣布了这一"铀后元素"的发现，这一消息在物理学界引起了巨大的轰动。

1934 年 10 月，费米开展了另一个实验，他让中子源经石蜡板过滤后再轰击银靶，结果发现放射性活性增加了 100 倍！随后，费米又进行了对比实验，发现只有含氢物质（如石蜡和水）才能产生这种效应。

费米提出了一个假设：中子与氢原子发生弹性碰撞后，能量降低，速度减小，这种减速后的中子在靶元素核中被吸收的机会更大。因此，这种中子后来被称为"慢中子"或"热中子"。基于这一发现，费米随后发表了论文《含氢物质对中子产生放射性的影响》。这一重大发现对于核能利用具有划时代的意义。1938 年 1 月，费米因证明了中子轰击产生新元素以及与慢中子引起的核效应而获得诺贝尔物理学奖。

**核裂变的发现**

"铀后元素"发现后，有人质疑费米发现的是否为新元素。1935 年，奥地利化学家莉泽·迈特纳（1878—1968）及其导师奥托·哈恩决定重复费米的工作。在一年多的时间里，他们进行了上百次的实验，却始终未能成功复现费米的结果，而对于原子数较小的元素进行的类似实验却都能成功。1938 年，哈恩和迈特纳

迈特纳(1878—1968)

想到了一种可能性：铀是否衰变成了原子数更小的放射性元素镭？于是，他们决定探测具有放射性的镭。

然而，随着希特勒对犹太人的迫害愈演愈烈，具有犹太血统的迈特纳被迫逃往瑞典避难。哈恩与另一位科学家斯特拉斯曼合作，继续他们的未竟实验。实验过程中，哈恩利用中子流去轰击铀，连镭的影子都没有找到，却探测到了大量钡（Ba，原子序数为56），这是一种原子数较小的非放射性的元素。哈恩将这一令人困惑的发现写信告诉了迈特纳，希望她能为其提供解释。

1938年12月9日，也就是费米领取诺贝尔物理学奖的前一天，迈特纳在收到哈恩的信件后，脑海中突然浮现出伽莫夫和玻尔对原子核的生动比喻——"原子核或许并不是一个坚硬的粒子，而更像一滴水"。迈特纳灵光一闪，想到"或许原子核这滴水珠一分为二，变成了更小的液珠"。于是，她与来斯德哥尔摩过圣诞节的外甥奥托·弗里施迅速开展了实验，并证实了铀原子在中子的轰击下分裂成了两个更小的原子——钡和氪（Kr，原子序数为36），同时还释放出来3个中子。这一实验结果基本证实了迈特纳的设想。

当他们清点实验生成物时，又发现了一个新问题：钡和氪加上3个中子的质量，比原来的一个中子加上铀（U235）的质量少了一点儿。迈特纳是一位严谨的科学家，她根据爱因斯坦狭义相对论中的质能方程，经过缜密的计算，推导出核分裂的机制及产物，并精准算出分裂过程中释放的能量高达200兆电子伏。借鉴生物学中的细胞分裂概念，她给这一现象命名为"核裂变"。

迈特纳和弗里施对哈恩的实验结果做出了理论解释，并将

"核裂变"的相关论文发表在 1939 年 1 月的《自然》杂志上。这篇仅有两页篇幅的论文震惊了美国物理学家，因为他们意识到如果这种技术应用在军事上，将具有无与伦比的超级威力。

**开启核能研究新篇章**

1938 年 12 月 10 日，迫于意大利的紧张形势，费米在领取诺贝尔奖后，就前往美国哥伦比亚大学。1939 年，他抵达美国后并阅读了那篇关于核裂变的论文，惊讶地发现这可能颠覆了他之前关于"超铀元素"的研究结果。费米一刻也不敢耽搁，立刻奔赴哥伦比亚大学实验室，利用那里先进的设备重复了实验，发现结果与哈恩的实验结果一致。费米为此毫不掩饰地公开道歉，彰显了科学家追求真理、勇于承认错误的高尚品质。

其实，仅凭中子轰击法和慢中子理论，费米获得诺贝尔物理学奖也是当之无愧、实至名归。在核裂变理论的基础上，费米迅速提出一种假说：当铀核裂变时，会放射出中子，这些中子又会击中其他铀核，引发一连串的反应，直到全部原子被分裂。这就是著名的链式反应理论。后来，中子的研究逐渐发展成为物理学的一个重要分支，费米也被誉为"中子物理学之父"。1940 年，费米成为制造原子弹的"曼哈顿计划"的倡导者和践行者，为人类核能的发展开启了崭新的篇章。

哈恩因其核裂变实验而获得了 1944 年诺贝尔化学奖，原子裂变理论的荣誉也顺理成章地被记到了他的功劳簿上。后来，迈特纳虽然曾三次获得诺贝尔奖提名，但一直未获得诺贝尔奖，直到 1968 年去世。20 世纪 90 年代，经过科学界深入细致的梳理与考证，科学家在核裂变领域的贡献大小和次序才得以明确，最终确定为迈特纳、哈恩、斯特拉斯曼、弗里施。1997年，为了纪念迈特纳在发现核裂变过程中的关键性贡献，第109号元素被正式命名为"䥑"（Mt）。

专题：

# 曼哈顿计划

**原子弹计划的背景**

20 世纪初，德国在物理学领域独领风骚，成果斐然。然而，20 世纪 30 年代，随着希特勒的上台，阴霾逐渐笼罩了整个德国科学界，包括爱因斯坦在内的约 20 位诺贝尔奖获得者被迫背井离乡，他们大多选择了美国作为避难所。例如，爱因斯坦在 1933 年前往美国，匈牙利籍的利奥·西拉德和意大利籍的费米也分别于 1938 年和 1939 年定居美国。这些科学家的迁移，为美国物理学研究注入了强大动力。

1939 年初，玻尔带着德国科学家核裂变成功的重磅消息来到美国普林斯顿大学访问。这一消息犹如一颗石子投入平静的湖面，瞬间激起千层浪，震惊了美国的物理学家，促使他们开始紧急行动起来。出于科学家的责任感，西拉德和爱因斯坦于 1939 年 8 月起草了一封信件，信中"建议美国赶在德国之前完成原子弹计划"，以抢占科技制高点，维护世界和平。这封信经过经济学家亚历山大·萨克斯传递,于10月11日送达美国总统罗斯福手中,引起了罗斯福的高度重视。不久后,美国成立了铀研究委员会,批准了铀研究计划,这一计划由物理学家费米负责牵头,研究地点选在芝加哥大学,西拉德也来到芝加哥加入了这一计划。

日本偷袭珍珠港的事件犹如晴天霹雳,使罗斯福加大了对铀裂变研究的支持力度。1941年12月18日,铀研究委员会在加利福尼亚大学伯克利分校召开第一次会议,汇聚了康普顿、劳伦斯等多名物理学家,探讨了使用核裂变制造武器的可能性,为后续的科研方向和战略规划奠定了基础。1942年5月,专家们提出了关于核武器的五项关键技术建议书和5 400万美元的预算,随后迅速获得政府的批准。

罗伯特·奥本海默(1904—1967)被委以重任,负责原子弹的理论计算问题,对研制计划从原理、技术到工程进行了全面的研究和论证;费米和康普顿负责建造链式反应的核反应堆;约翰·惠勒也从普林斯顿大学来到芝加哥参与研究。1942年12月2日,人类第一个核反应堆CP-1建成并开始运行,它成为今天所有核电站反应堆的鼻祖。除了理论问题和核反应堆建设等核心任务,制造原子能武器还涉及很多工程和生产问题,需要科学家和工程师共同解决。

## 奥本海默与曼哈顿计划

1942年6月,面对紧迫的局势,罗斯福和军方高层决定启动一项新计划——"曼哈顿计划",全力研制核武器。军方选择了曾负责建设五角大楼(美国国防部办公大楼)的格罗夫斯上校,

奥本海默(1904—1967)

并将其军衔提升为准将,由此,格罗夫斯正式成为曼哈顿计划的总指挥。9月,奥本海默向格罗夫斯建议:整合全美的研究资源和工程力量,建立一个集理论、实验、工程于一体的集中实验室,以推进核武器的研制工作。他们将目光投向了新墨西哥州沙漠中一个偏远的小镇——洛斯阿拉莫斯,这里将成为曼哈顿计划的核心基地。10月,格罗夫斯经过深思熟虑,选择才华横溢的奥本海默担任技术总负责人。这一决定在当时引发了诸多讨论。

奥本海默当时年仅39岁,虽在物理学界已小有名气,但尚未获得过诺贝尔奖。他出生于纽约一个富裕的德裔犹太家庭,自幼天资聪颖且兴趣广泛。1925年,他从哈佛大学化学系毕业后到英国剑桥大学深造,专注于量子物理领域。1926年,他转至德国哥廷根大学,师从玻恩教授。在研究生时期,奥本海默就以其敏锐的洞察力和直言不讳的风格而著称,他曾在多次学术会议上大胆打断他人的演讲,毅然上台拿起粉笔,自信地展示自己独到的解决方案,并直言"这样会更好"。1927年,他凭借卓越的研究成果顺利获得博士学位,在评审过程中,教授们无一人敢轻易发言反驳他的观点。

1929年,奥本海默回到美国,任教于加利福尼亚大学伯克利分校。他的研究领域很广,涉及量子电动力学、天体物理和原子核等。1930年,他在量子电动力学中提出了"发散问题"。1939年,他在天体物理学中提出了"大质量中子星会继续塌缩"的理论,展示了他卓越的科研领导才能。

### 曼哈顿计划的实施与成果

随着曼哈顿计划的推进,世界各地最优秀的核物理学家陆续来到洛斯阿拉莫斯,至少 2 000 名科学家和工程师投身其中,全美更是动员了约 10 万人的力量。1943 年 3 月,普林斯顿小组抵达洛斯阿拉莫斯。费曼带着他身患重病的女友阿琳(1945 年 6 月,阿琳因肺结核过世,年仅 25 岁)来到这里,并得到了奥本海默的关怀,阿琳被妥善安置在附近的疗养院。费曼被任命为理论部计算组长,冯·诺伊曼也参与了原子弹的研制工作,他凭借卓越的贡献,后被誉为"计算机之父"。

劳伦斯负责建立大型加速器,承担了铀-235 和铀-238 的分离工作。在这一过程中,回旋加速器消耗了 14 700 吨白银,几乎占据了美国可动用白银储量的 1/3。这些白银直到 1970 年才全部归还国库。费米和康普顿则负责制造核材料钚-239,这是一种人造元素,与铀-235 一样可用于核反应,且其裂变时能产生更多的中子,所需的临界质量更小。他们迅速完成了 CP-2 反应堆的建设,并成功制备出钚-239。自 1943 年年底起,美国又建造了多座大功率反应堆以生产钚-239。到 1945 年上半年,充足的核材料——铀-235、钚-239 被源源不断地运到洛斯阿拉莫斯,用于制造三枚原子弹:"大男孩""小男孩"和"胖子"。

1945 年 7 月 16 日,"大男孩"在新墨西哥州的沙漠中试验成功。8 月 6 日,"小男孩"在日本广岛投放,核材料为约 20 千克的铀-235;8 月 9 日,"胖子"在日本长崎投放,核材料为仅几千克的钚-239。这两次核打击极大地加速了战争的结束,8 月 15 日,日本宣布无条件投降,第二次世界大战随之结束。

曼哈顿计划共耗费了约 25 亿美元，其成果不仅包括原子弹的制造，还留下了约 14 亿美元的资产，为原子能的和平利用和高能物理的发展做出了不可磨灭的贡献。核电成为新的发电方式，得到了广泛应用。曼哈顿计划被称为"物理学三百年最重大的成果"，奥本海默虽没有获得诺贝尔奖，但他作为曼哈顿计划的主要领导者之一，为人类历史留下了浓墨重彩的一笔，被世人铭记为"原子弹之父"。

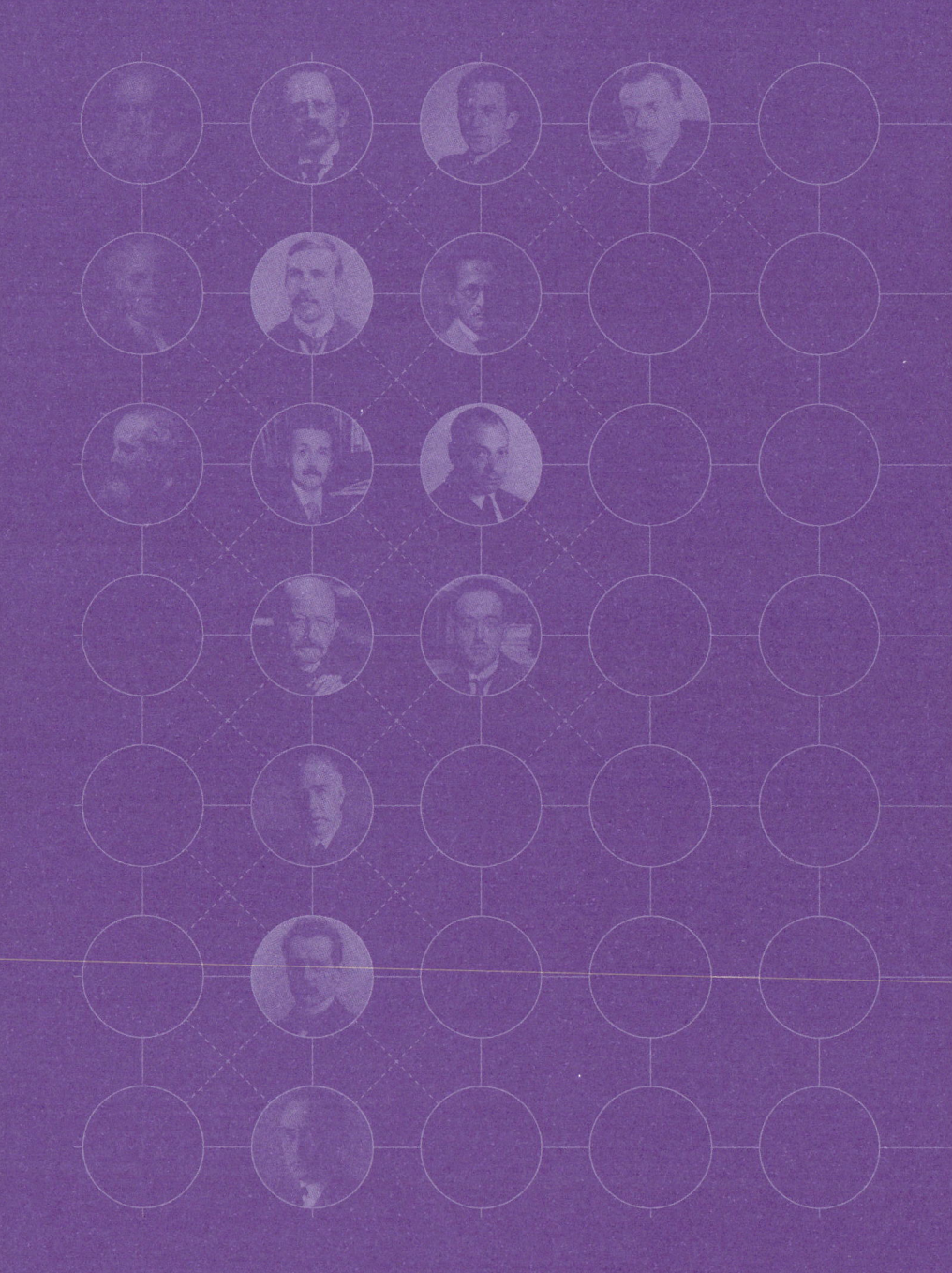

# 第六章

# 量子电动力学

# 初建：
# 从场量子化到路径积分

在量子力学范围内，我们通常把带电粒子与电磁场的相互作用视为一种微扰，借此来处理光的吸收和受激发射等问题。然而，这种处理方式却不能妥善应对光的自发辐射问题。原因在于，如果把电磁场视为经典场，那么在光子发射之前，辐射场实际上是不存在的。而原子中处于激发态的电子，在量子力学的视角下属于定态，若无辐射场作为微扰因素，它就不会发生能级跃迁。

## 电磁场量子化

1927 年，狄拉克在研究电磁相互作用的过程中，通过引入粒子产生和湮没的概念，首次成功地将电磁场量子化，从而开创了量子电动力学（QED）。1929 年，海森堡和泡利把光子和电子分别视为光子场和电子场，并提出了辐射的量子理论，即辐射场量子化理论。他们认为，电磁相互作用本质上是光子场与电子场之间的一种耦合方式,这一理论奠定了量子电动力学的基础。量子电动力学的主要研究对象是电磁相互作用的量子性质,例如光子的吸收与发射、带电粒子的产生与湮没、带电粒子的散射、带电粒子与光子间的散射等,这些都是电磁相互作用的基本原理。

场量子化后,粒子的产生和湮没就成为基本的物理过程。因此,即使没有光子存在,原子中的激发态电子仍然能向低能态跃迁并发射光子。狄拉克进一步提出了虚光子和虚电子的概念,这些被称为"量子化辐射场的真空涨落",它们可用于计算各种带电粒子与电磁场相互作用基本过程的截面。例如,在光电效应、康普顿效应、电子对的产生和湮没等现象中,基于量子电动力学的理论预测与实验结果展现出较好的一致性,从而圆满解决了光的自发射问题。

**发散问题与路径积分理论**

从欧洲回到美国的奥本海默在量子电动力学研究中发现,在进行高精度的微扰计算时,会遇到"发散问题",即计算结果常常是无限大的。这一问题在物理学界引起了广泛关注,但一直未能解决。1935年,狄拉克在其著作《量子力学原理》的再版中,特别提到了这一问题,并指出"看来这里需要全新的物理思想"。

理查德·费曼(1918—1988)出生于美国曼哈顿的一个犹太家庭,他自幼对科学充满兴趣,喜欢翻阅《不列颠百科全书》,中学时就展示出非凡的数学天赋。当他的中学老师、物理学家巴德向他介绍了"最小作用原理"后,他对物理学的热情从此被点燃。1935年,费曼考入麻省理工学院物理系,在那里他读了狄拉

费曼(1918—1988)

克的《量子力学原理》,被书中那句"看来这里需要全新的物理思想"所鼓舞。1939 年,费曼进入普林斯顿大学读博士,师从年仅 28 岁的物理学家惠勒。惠勒在哥本哈根留学期间,曾受到玻尔的指导,并于 1937 年提出了粒子相互作用的散射矩阵概念。第二次世界大战爆发后,惠勒回到普林斯顿大学从事教育工作。

在惠勒的指导下,费曼将量子电动力学中的发散问题作为他的博士论文课题。在朋友的推荐下,他阅读了狄拉克 1933 年发表的论文《量子力学中的拉格朗日量》,其中的函数类似于拉格朗日量,每个波函数都相当于一个拉格朗日量。费曼意识到,要确定正确的路径就要对所有的拉格朗日量进行积分。他想到了"最小作用量原理",并尝试将它应用于量子理论中。

费曼提出了一种独特的观点:在双缝实验中,电子从 A 点到 B 点,只有通过两条狭缝的两条路径,也就是说电子出现在 B 点的概率是通过这两条路径概率的叠加。如果有 4 条狭缝,电子出现在 B 点的概率就是通过 4 条路径概率的叠加。如果缝隙数量增加到无穷多,这实际上模拟了撤去挡板,实验环境变成自由空间的情形。这就引出了路径积分思想:电子从 A 点到 B 点的概率是所有可能路径的概率贡献的总和。

费曼对经典力学中的最小作用量原理也有深刻的理解。以炮弹的飞行轨迹为例,当炮弹从 A 点以一定的初速度被发射到空中,在重力的作用下,会形成一条抛物线轨迹并击中目标 B。根据牛顿第二定律,我们可计算出抛物线的轨迹。这是从"微分"的角度来看待炮弹的运动过程。

费曼提出，实际上我们也可以从"积分"的角度来思考问题。炮弹从 A 点到 B 点存在着许多可能的路径，即连接 A 点和 B 点的各种各样的曲线。每条路径都有一个对应的"作用量"，而运动物体总是选取作用量最小的那条路径。炮弹之所以选取那条抛物线，就是因为其对应的作用量最小。在经典物理中，无论是使用牛顿运动方程还是最小作用量原理，最终得到的结果都是一

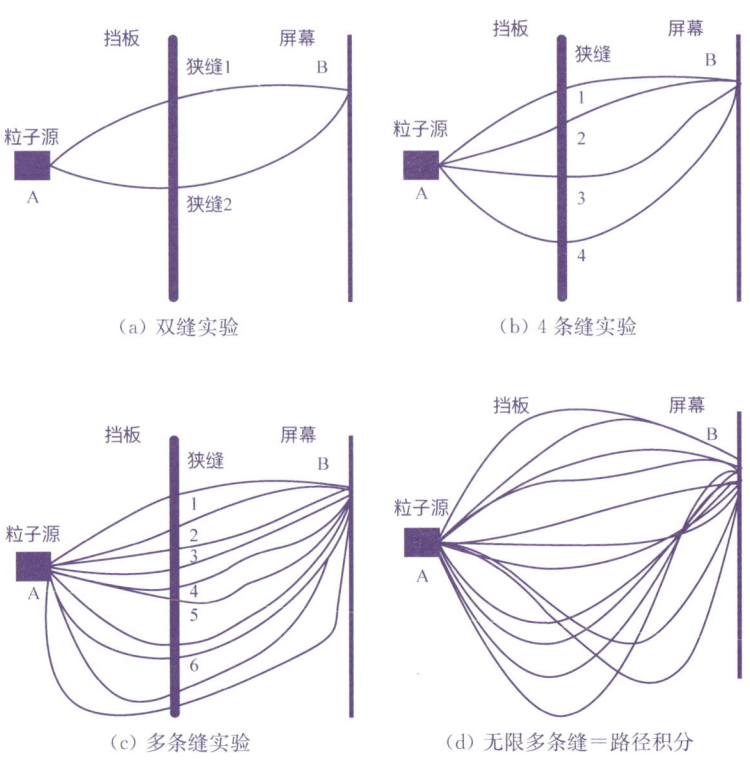

**费曼路径积分示意图**

# 第六章 量子电动力学

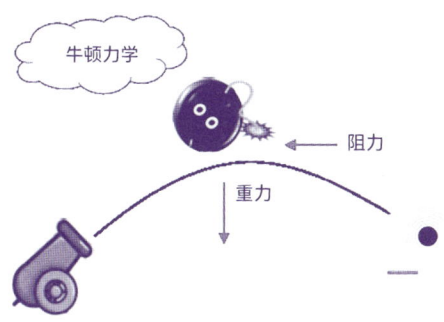

（a）局部观点看待抛物运动

（b）从最小作用量原理解析经典力学问题

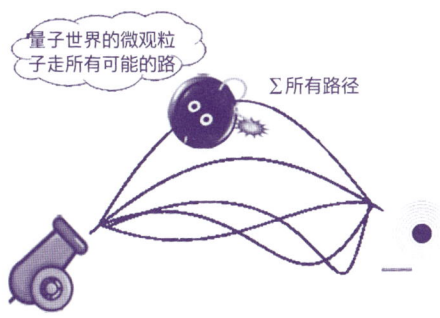

（c）量子力学中的所有路径都有贡献

**不同力学观点解析抛物运动**

样的。这表明最小作用量原理与牛顿运动方程在经典物理中是等价的。

费曼将"作用量"这一概念引入量子物理,开创性地提出了路径积分理论。如果被抛的不是炮弹而是微观世界的电子,情况会怎么样呢?这些量子粒子具有波动性,使得它们能通过从 A 点到 B 点的所有可能路径到达 B 点。费曼将这种路径思想应用到量子力学中,认为每条路径都对粒子最终出现在 B 点的概率有贡献。因此,粒子出现在 B 点的总概率应该是对所有可能的"历史路径"的概率求和(也就是求积分)。在量子力学领域,费曼路径积分与薛定谔方程是等价的。

1942 年 6 月,费曼完成了关于路径积分理论的博士论文。毕业后,他就前往普林斯顿大学,致力于铀-235 的分离实验,并跟随导师惠勒参与了曼哈顿计划。由于战争的影响,费曼的论文当时并未发表,科学家忙于原子弹的研制,没有足够的时间和耐心去深入探讨理论问题。

# 突破：
# 从兰姆位移到费曼图

第二次世界大战的硝烟刚刚散去，1945 年 11 月，年仅 27 岁的费曼就被任命为康奈尔大学物理学教授。随着战后学术氛围的逐渐复苏，1947 年 6 月，奥本海默在美国纽约的谢尔特岛组织了一场物理研讨会，主题聚焦于"量子力学与电子问题"。这场会议汇集了 24 位顶尖物理学家，延续了索尔维会议的风格。

会上，哥伦比亚大学的威利斯·兰姆带来了一个令人震惊的实验结果——氢原子光谱的"兰姆位移"。具体而言，根据狄拉克方程，氢原子的两个能级 2s 和 2p 的能量是完全相同的，理论上不存在能量差。然而，兰姆及其团队利用先进的微波技术对这两个能级进行探测时，却意外发现 2s 能级比 2p 能级高出了约 1000 兆赫的能量差！量子力学无法对此做出解释。这一发现在会上引起了轩然大波，兰姆成了会议的焦点人物，而费曼关于路径积分理论的报告却在喧嚣声中被众人忽视了。

谢尔特岛会议之后，费曼并未就此气馁，而是沉下心来，花了几个月的时间,全身心地投入工作中——利用路径积分方法来研究兰姆位移现象。终于,无穷大被吸收了,方程收敛了,他得到了与实验结果相符合的计算结果。费曼将量子电动力学的过程概括为三个基本方面:一是电子从一个位置到另一个位置的概率;二是光子从一个位置到另一个位置的概率;三是电子与光子相互作用(耦合)的概率。在思考量子相互作用的过程中,费曼的脑海中常常浮现出一个个直观的图像,这些图像如同灵感的火苗,促使他利用路径积分理论发展出"费曼图"。如此,错综复杂的量子相互作用瞬间变得清晰易懂,宛如拨云见日。在费曼看来,量子电动力学的所有过程都可以用费曼图来精准表示。这为量子物理学的研究开辟了一条全新的、极具视觉化与逻辑性的道路。

1948年3月,奥本海默组织了28位物理学家,在宾夕法尼亚的科波诺庄园召开了一场物理会议。会上,哈佛大学的数学天才施温格教授,花了一下午的时间讲述他高深的理论——关于他

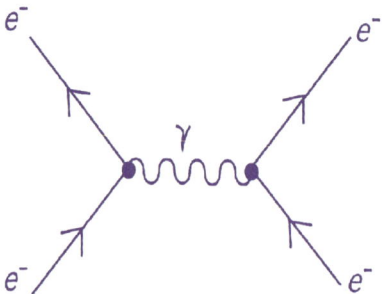

**电子费曼图**(其中:波浪线代表光子,实线代表电子,线之间的交点为顶点)

对量子电动力学体系和兰姆位移解决方法的理解，大家却听得一头雾水。紧接着，费曼介绍了他对路径积分理论的理解，以及这一理论对兰姆位移的解决方案。由于思路过于新颖，再加上费曼当时相对较低的知名度，他的理论依然未引起重视。如此，施温格和费曼的这番讲说暂时没有得到大家的认可。

当时，比费曼年轻 5 岁的英国数学天才戴森，正在康奈尔大学读博士，他把"理解费曼方法"作为自己的研究课题。在与费曼的多次深入交流中，戴森逐渐领悟到费曼对量子力学的深刻直觉和形象化能力。经过一段时间的研究，费曼的图像和施温格的方程在戴森的脑海中逐渐清晰起来。与此同时，日本物理学家朝永振一郎也发表了他的一套量子电动力学体系，同样解决了辐射的发射问题。戴森随后转学到了普林斯顿大学，成为奥本海默的学生，不久就写出了一篇论文《朝永振一郎、施温格和费曼的辐射理论》，并于 1949 年发表在《物理评论》上。在这篇论文中，戴森不仅综述了这三种理论，还证明了它们实际上是等价的。这一成果最终获得了物理学界的广泛认可。1965 年，由于在量子电动力学领域的杰出贡献，施温格、费曼和朝永振一郎共同荣获诺贝尔物理学奖。

既然是等价的，费曼的路径积分理论和费曼图因其形象化和实用性而脱颖而出，成为量子电动力学的重要组成部分。曾经，海森堡从粒子性出发构建了矩阵力学，薛定谔从波动性出发构建了波动力学，他们共同建立了量子力学的基础。时隔 20 多年，费曼从作用量出发，用路径积分方法对量子电动力学进行了一次全新的重构，他足以与海森堡、薛定谔、狄拉克等杰出物理学家比肩。

　　1951年，费曼转任加州理工大学教授。他一向诙谐幽默，充满活力，生活中似乎一直趣事不断。后来，他在弱相互作用、强相互作用和规范场理论上也做出了世界级的贡献。费曼把讲台当作舞台，像演员一样绘声绘色地讲述量子场论，他的《费曼物理学讲义》自出版以来，一直受到全球读者的喜爱和推崇。

# 20世纪美国物理学为何崛起

1929年,奥本海默结束了在英国和德国的留学生涯,到美国加利福尼亚大学伯克利分校任教,随后成立了伯克利理论物理中心。该中心吸引了大批顶尖的物理学家和研究人员,形成了著名的"伯克利物理学派",使得伯克利成为世界理论物理学研究中心。1942年,奥本海默担任了"曼哈顿计划"技术总负责人,伯克利的众多物理学家都参与了曼哈顿计划,并做出了卓越贡献。

1931年,劳伦斯在伯克利校园的后山建立了加利福尼亚大学放射实验室。1932年,他发明了回旋加速器。放射实验室承担了"曼哈顿计划"的部分任务,逐步成为美国最重要的科研机构之一。伯克利分校的十几位科学家相继获得了诺贝尔物理学奖。

1930年,冯·诺伊曼从德国移居美国,先后在普林斯顿大学、普林斯顿高等研究院担任教授,以其在量子物理、算子理论、集合论等领域的研究而闻名。他曾参与曼哈顿计划,后从事电子计算机研究,被后人称为"现代计算机之父"。1933年,爱因斯坦从德国移居美国，任职于普林斯顿高等研究院。1938 年，惠勒从哥本哈根学成归来，成为普林斯顿大学的年轻教授。次年，费曼成为他的学生。普林斯顿因此聚集了一批理论物理领域的专家。第二次世界大战结束后，奥本海默担任普林斯顿高等研究院的院长，随后，戴森、杨振宁、李政道等一批后起之秀也相继来到普林斯顿，当今著名的年轻物理学家爱德华·威滕也加入其中。因此，普林斯顿高等研究院成为世界知名的量子物理学学术圣地。

1939 年初，刚荣获诺贝尔奖的费米因避难而来到哥伦比亚大学。1944 年，实验物理学家吴健雄前往美国哥伦比亚大学任教。著名的曼哈顿计划诞生于此，美国物理学会也成立于此。一百多年来，30 多位诺贝尔物理学奖获得者曾在哥伦比亚学习和工作过。

随着曼哈顿计划的推进，大批科学家汇集芝加哥大学。在费米领导下，这里建成了世界上第一台核反应堆。其实，芝加哥大学在量子物理领域早有建树。1910 年，密立根教授在此完成了普朗克常数的测定；1937 年，钱德拉塞卡从英国来到芝加哥大学任教；杨振宁、李政道等物理学家均在芝加哥大学获得物理学博士学位。美国在此创建了著名的费米实验室（国家加速器实验室），它迅速成长为美国最重要的物理学研究中心之一。

# 专题：
# 量子力学的应用

量子力学的诞生与发展，离不开普朗克、爱因斯坦等科学家的开创贡献，也离不开玻尔、玻恩、薛定谔、泡利、海森堡、费米、狄拉克、费曼等科学家的深耕细作。他们的工作奠定了量子力学的基础，开启了第一次量子革命，进而引发了第三次工业革命，深刻改变了人类社会的发展轨迹。

**原子能发电与光伏发电**

爱因斯坦的质能方程为人类探索原子能提供了理论基础，而迈特纳和哈恩的核裂变发现，以及费米等人实现的可控核裂变反应，使核能从理论走向现实，成为一种重要的能源形式。核能既能用于制造毁灭性的武器，也能作为和平利用的能源为人类社会发展提供强大的动力。自1954年世界上第一个核电站（奥布宁斯克核电站）投入使用以来，全球已有30多个国家建立了核能发电站。法国在和平利用原子能方面取得了显著成就，特别是在

1973年中东战争引发的石油危机后,法国大力发展核电,使其核电占总发电量的比例高达78%。

光伏发电的主要原理是基于半导体的光电效应。硅原子有4个外层电子,如果在纯硅中掺入拥有5个外层电子的磷原子,就形成了N型半导体;如果在纯硅中掺入拥有3个外层电子的硼原子,就形成了P型半导体。当P型和N型半导体结合在一起时,会在两者交界处形成电势差,从而实现太阳能向电能的转换。

1954年,美国科学家恰宾和皮尔松在贝尔实验室首次制成了实验用的单晶硅太阳能电池,这标志着光伏发电技术的诞生。从20世纪90年代起,美国、日本、德国等国家开始制定光伏发电的发展规划。日本于1992年启动了"新阳光计划",美国在1997年提出了"百万屋顶计划",德国则规定了光伏发电的上网电价政策,极大地推动了光伏发电市场的发展。到2006年,全球已经建成了10多座兆瓦级光伏发电系统。自2005年以来,中国成为全球光伏发电安装量增长最快的国家。到2022年,中国的光伏发电装机容量达到了39万兆瓦,为全球光伏发电产业的发展做出了巨大贡献。

电子计算机与微电子

汤姆孙发现电子之后,1906年,美国人福里斯特发明了电子三极管,这一发明极大地推动了电子工业的发展。第二次世界大战期间,为了满足火炮设计的需求,美国工程师莫奇利和埃克特提出以电子管替代继电器,实现数字开关电路,从而将计算机"电子化"。在数学家阿兰·图灵的理论指导下,1946年,世界上第一台电子计算机 ENIAC 诞生了，它为原子弹和氢弹的研究提供了海量计算支持，从此人类进入了电子计算机时代。后来，基于冯·诺伊曼设计的系统结构，第二台电子计算机 EDVAC 于 1949 年问世，成为现代计算机的原型。

随后，在量子力学基础上，固体物理、半导体物理理论相继出现。科学家利用固体中的能带理论，成功地解释了导体、绝缘体和半导体在导电性质上的差别。1947 年，美国物理学家肖克利等人发明了晶体管。贝尔实验室在 20 世纪 50 年代研制出世界上第一台晶体管电子计算机 TRADIC，其体积大幅缩小，计算速度显著提升。

1958 年，德州仪器公司（美国得克萨斯州一家半导体跨国公司）的基尔比和仙童半导体公司的诺伊斯分别独立发明了集成电路。随着微电子技术的发展，计算机的运行速度更快，体积更小，价格也越来越亲民，电子计算机开始被大规模应用。到了 20 世纪 60 年代，计算机技术实现了联网功能，电子邮件作为一种新型通信方式应运而生。20 世纪 90 年代，随着个人电脑的普及和互联网技术的飞速发展，人类迎来了 PC（个人电脑）互联网时代。

### 无线通信与移动互联网

自特斯拉发明无线电后，20 世纪 20 年代，以电子管为基础的短波通信得到了蓬勃发展，这一技术在第二次世界大战中立下了汗马功劳。20 世纪 50 年代，基于晶体管，微波接力通信乘势而起，广播电视也借此东风，迅速普及开来，为人们的生活增添了许多色彩。1963 年 7 月，美国发射了世界上第一颗同步通信卫星，照亮了卫星通信时代，无线通信广播极大地丰富了人们的生活。

进入 20 世纪 80 年代，移动通信、互联网技术迅猛发展，这得益于量子力学衍生的半导体物理的发展和激光器技术的发明。1960 年，美国物理学家梅曼制成了世界上第一台红宝石晶体激光器。1976 年，贝尔实验室在华盛顿与亚特兰大之间建立了世界上第一条光纤通信线路。1984 年，半导体激光器的研制成功极大提升了光纤传输速率，人类迎来了光纤通信时代。同年，贝尔实验室建成了世界上第一个模拟蜂窝网（1G），开启了个人移动通信的新时代，手机随之发明。

20 世纪 90 年代，随着大规模集成电路（微电子）技术的发展，数字通信开始广泛应用并逐渐取代模拟通信，移动通信进入了 2G 时代，苹果、高通等一批高科技企业犹如雨后春笋般涌现。光纤通信和数字通信的发展，推动移动通信进入了高速发展的快车道。

随着 3G 网络的普及，智能手机闪耀登场，2008 年移动互联网的兴起标志着互联网从机器的网络转变为人的网络。2012 年，手机逐渐取代 PC 成为人们生活中的主流设备，个人穿戴设备也开始接入互联网。5G 技术的广泛使用，为移动互联网插上了强劲的翅膀，大幅提升了其传输速率，为人工智能（AI）服务的普及提供了可能性。展望未来，6G 技术将整合移动通信卫星，成为互联网时代的主角，为客户提供随处可通的高速数据，移动互联网将迎来更辉煌的发展。

### 引领科学变革，改善人类生活

玻尔创造了原子的量子化模型，这一模型有效解释了元素性质的周期性变化（即门捷列夫"化学元素周期表"的规律），还预测了尚未发现的新元素。玻尔的量子化模型解决了长达三十年悬而未决的光谱线问题，推动了现代光谱理论的发展。量子力学的引入为研究原子结构、分子构成提供了强有力的工具，从而为化学领域奠定了坚实的科学基础。可以说，在众多科学领域中，化学是受量子力学影响最深远的学科之一。正是量子力学的兴起，使得化学从经验科学转变为一门精确的科学学科。在分子模拟计算技术的推动下，近年来化学领域的产品层出不穷，极大地丰富了我们的生活。可以说，量子力学在其中扮演了至关重要的角色，对我们生活质量的提升功不可没。

量子理论极大地推动了固体物理学和凝聚态物理学的发展，进而促进了材料科学的进步。纳米技术是指研究 0.1～100 纳米尺度材料性质和应用的量子技术，其目标是通过直接操控单个原子、分子来构建具有特定功能的物质结构。石墨烯就是一种纳米材料，它的发现促进了纳米材料合成技术的发展，预示着材料科学在未来科技中将扮演重要角色。超导效应尤其是常温超导效应，一直是科学家深耕的领域，而量子理论正是研究石墨烯和超导现象的关键。

另外，如今在化学、生物、医学等诸多领域广泛应用的磁共振技术，其基本原理就是基于原子核的自旋共振现象。利用量子力学的隧穿效应，1957 年，日本科学家江崎玲于奈发明了隧道二极管。1960 年，挪威科学家贾埃弗通过实验证明了超导体隧道结中存在单电子隧道效应，丰富了超导理论。1962 年，英国 20 岁的研究生约瑟夫森预言电子可以穿越绝缘体从一个超导体到达另一个超导体，这一预言后被实验证实。1973 年，江崎玲于奈、贾埃弗、约瑟夫森共同获得了诺贝尔物理学奖。20 世纪 80 年代，德国物理学家宾宁与瑞士物理学家罗雷尔利用隧穿效应发明了扫描隧道显微镜，一举攻克了当时困扰科学界的一大难题——硅表面原子排列方式。1986 年，宾宁、罗雷尔因发明扫描隧道显微镜而共同荣获诺贝尔物理学奖。这些发明为微观世界的探索开启了全新的视角。

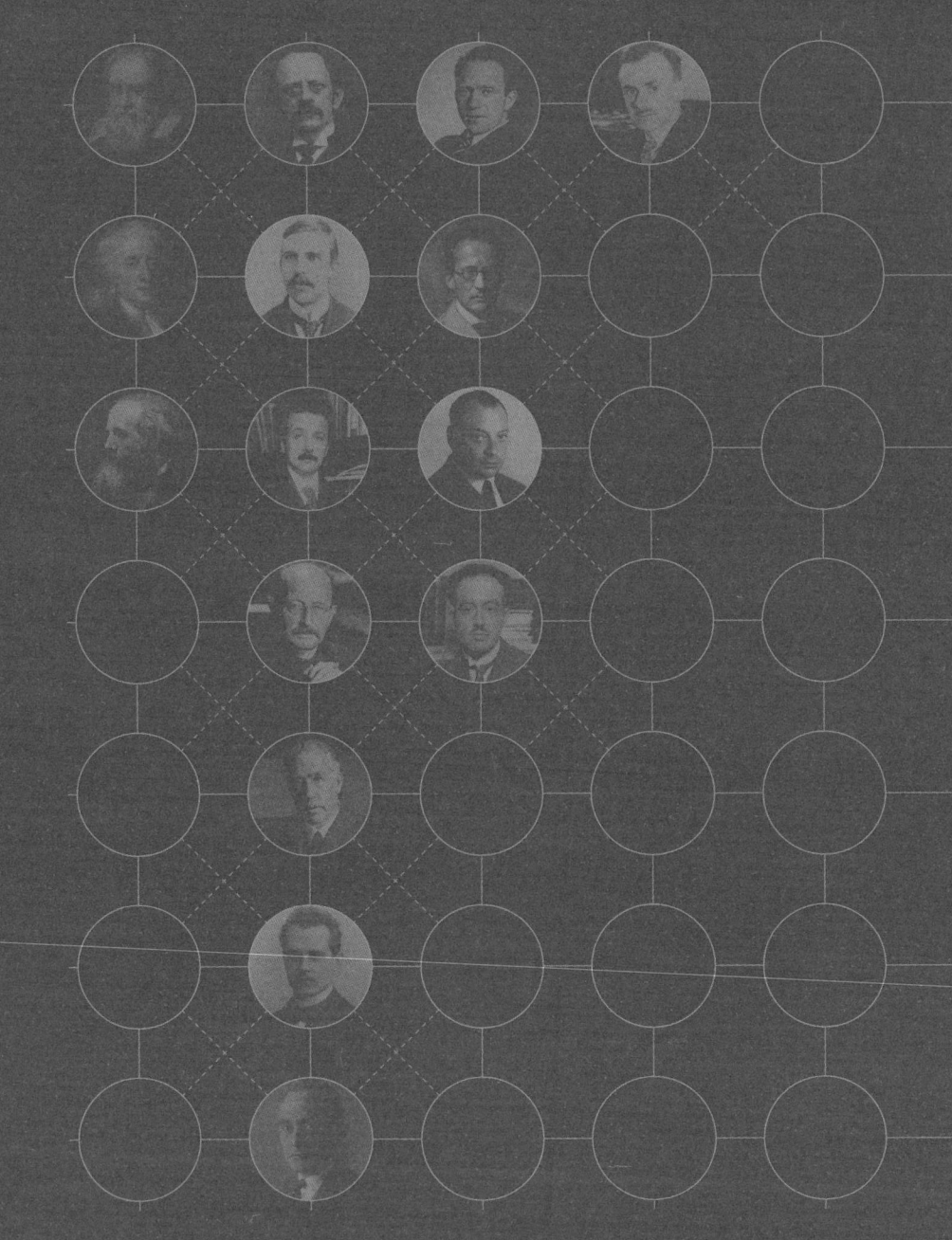

第七章

# 核天体物理

# 从宇宙膨胀到白矮星

爱因斯坦发表广义相对论后,英国天文学家爱丁顿在 1919 年通过观测日食,验证了关于时空弯曲的推论。1922 年,俄国数学家弗里德曼在没有引入宇宙常数的情况下,求解广义相对论方程,得出宇宙可能并非静止不变,而是处于动态变化之中——或许在收缩,或许在膨胀。当时,欧洲许多顶尖科学家都专注于量子力学的研究,对宏观世界及天体物理领域的关注相对较少。

**宇宙在膨胀**

然而,美国天文学家爱德温·哈勃(1889—1953)却对宇宙的奥秘充满了好奇。大学毕业后,他前往牛津大学学习天体物理,后回到芝加哥大学继续深造并获得了博士学位。服役几年后,哈勃于 1919 年加入威尔逊山天文台,开始了他的天文研究生涯。当时,人们对宇宙的认知仅限于银河系,而对银河系外的天体,仅视为一团团静止的星云。

哈勃(1889—1953)

哈勃立志探寻一种办法，以测量这些遥远的"不动星云"与地球之间的距离。1924年，哈勃利用造父变星的特性，成功测量了仙女星系到地球的距离，此后又陆续发现了其他9个星系。通过对这些星系光谱进行分析，哈勃发现它们的光谱都发生了红移现象。根据多普勒效应，红移意味着这些星系正在远离我们，这足以说明宇宙处于动态中，而且是在不断膨胀的。1929年，哈勃推导出星系远离的速度与其距离呈正比的关系。这不仅证实了宇宙的膨胀状态，也为现代宇宙学的发展奠定了基石。

### 福勒的白矮星解释

1917年，荷兰天文学家范·马南发现了一颗孤独的白矮星，这颗星后被称为"范马南星"。"白矮星"这一术语，经爱丁顿推广，才得以广泛使用。

宇宙膨胀的示意图

英国物理学家、天文学家拉夫尔·福勒（1889—1944）曾在剑桥大学三一学院学数学。第一次世界大战期间，他加入英国皇家海军炮兵队，并结识了英国科学家希尔，希尔引导福勒进入物理学领域。1919 年，福勒返回三一学院，并在恒星光谱、压力、温度等方面进行了开创性的研究。1926 年，随着量子力学的确立，福勒与其学生狄拉克利用统计力学对白矮星进行了探索。福勒认识到物质是由分子、原子组成的，玻尔的原子模型和泡利的不相容原理揭示了原子体积是靠电子云支撑的，其中原子核的质量占原子总质量的 99%，而其体积仅占原子体积的大约十万分之一。

基于此，福勒发表了论文《论致密物质》，建立了解释白矮星密度的理论。他提出，如果恒星燃烧殆尽、温度下降，恒星就会收缩并变得更致密。由于万有引力是叠加的，且与距离的平方成反比，每个原子在收缩过程中承受的引力会大幅增大，一旦达到阈值，原子就被"压碎"——电子脱离原子轨道成为自由电子，原子核成了裸核。这时，恒星会发生断崖式塌缩，变成白矮星，如 1892 年发现的天狼星 B 就是如此。福勒的研究表明，恒星的塌缩最终会导致电子简并压力与万有引力达到平衡，从而形成稳定的白矮星。白矮星是宇宙中很多恒星的最终命运。福勒运用量子力学开创了核天体物理学，为人们深入认识宇宙打开了一扇天窗。

1923 年，福勒将量子理论传授给狄拉克，并介绍他认识了玻尔和海森堡，从而成就了后来的物理学家狄拉克。1932 年，福勒成为卡文迪许实验室理论物理部门的负责人，他培养了许多杰出

福勒(1889—1944)

的物理学家,其中三位获得了诺贝尔奖。1942年,福勒被授予爵士称号。

**白矮星极限质量**

出生于印度书香门第的钱德拉塞卡(1910—1995),于1930年远渡重洋奔赴英国剑桥大学,师从福勒研究天体物理。他的祖父是一位德高望重的教育家兼数学教授,而叔叔拉曼则是印度乃至亚洲第一位诺贝尔奖获得者。那时的钱德拉塞卡在印度物理界已声名鹊起。1927年夏天,他自学了索末菲的《原子结构与光谱线》,并在1928年索末菲访问印度时,有幸得到其亲自指导。钱德拉塞卡对量子力学充满热情,如饥似渴地钻研最新成果,并凭借扎实的学识完成了论文《康普顿散射和新统计方法》。1929年,海森堡访问印度期间,钱德拉塞卡更是抓住机会,得到了这位物理学巨匠的指点。

在前往英国的途中,钱德拉塞卡重温了福勒的论文《论致密物质》,并计算出白矮星的极限质量(一颗白矮星能拥有的最大质量)约为太阳质量的1.44倍。中低质量的恒星在演化后期会抛射出大量的物质,如果剩下的核心质量小于1.44倍太阳质量,它就演化成白矮星;如果超过这一质量,恒星就会进一步塌缩,最终归宿就不再是白矮星。这一极具开创性的理论,就是著名的"钱德拉塞卡极限"。但这一理论的相关论文在美国发表后,并没有在学术界引起广泛关注,仿佛一颗明珠被暂时蒙上了尘埃。

在剑桥大学,由于福勒外出做学术访问,师兄狄拉克就承担起指导钱德拉塞卡的重任。1931年和1932年,钱德拉塞卡分别

钱德拉塞卡(1910—1995)

在玻恩研究所和玻尔研究所进行了为期数月的学习，得到了许多物理前辈的指导，学术视野大为拓展，并发表了许多颇具分量的成果。钱德拉塞卡逐渐在国际天体物理界崭露头角。1933 年，钱德拉塞卡获得博士学位后，在剑桥大学工作了 4 年，这期间他不断深入研究，进一步丰富了自己的理论体系。

1935 年，在英国皇家天文学会上，24 岁的钱德拉塞卡满怀信心地宣读了自己的"钱德拉塞卡极限"，却遭到了爱丁顿的强烈反对。这场争论持续了数年，由于爱丁顿当时在科学界享有极高的威望，当时没有一人愿意站出来支持钱德拉塞卡。1937 年，他来到美国芝加哥大学任教，并在 1939 年出版了《恒星结构研究引论》一书，其中系统论述了恒星的内部结构。此后，他转向恒星动力学领域，成为美国天文物理学的奠基人之一。在教育领域，钱德拉塞卡同样倾尽心血，一生培养了大约 50 名博士生，为物理学界输送了大量优秀的人才。

"钱德拉塞卡极限"理论在提出 30 年后，才得到天体物理学界的认可。又过了 20 年，时间来到 1983 年，钱德拉塞卡终于获得诺贝尔物理学奖，这是对他多年来坚持追求科学真理、不畏权威、勇于探索的充分认可，也是对他一生学术贡献的最高赞誉。

# 中子星与其质量极限

1932年，中子的发现使核物理研究进入了高峰期，同时也对天体物理学的研究产生了深远影响。苏联物理学家朗道提出有一类星体全部由中子组成。

自19世纪末以来，天文学家观测到了一种奇怪的天体现象：某颗恒星的亮度会突然增大亿倍以上，然后在一个月左右的时间里逐渐变暗，恢复到常态。那么，恒星是如何获得巨大的能量来完成这种爆发的呢？瑞士天文学家学家弗里茨·兹威基和德国天文学家沃尔特·巴德从1932年开始探论这一现象，并结合钱德拉塞卡极限和中子理论，提出了一个关于天体演化的创新假设。1934年1月，他们发表论文，正式将这一天体现象命名为"超新星爆发"，并推测其产物是中子星。

他们的推论如下：钱德拉塞卡提出超过太阳质量1.44倍的白矮星是不稳定的，当相对论简并（钱德拉塞卡于1935年提出的）发生时，电子简并压力与引力之间的平衡被打破，巨大的压力使电子塌缩，将质子转变为中子（β衰变的逆过程），从而释放出巨大的能量，导致恒星剧烈爆炸，发出巨大的亮光，这就是"超新星爆发"的原因。

中子是遵守泡利不相容原理的费米子，当恒星足够致密时，中子间的斥力形成的简并压力取代电子简并压力，抵御引力的进攻。引力越大，物质越致密，中子简并压力也就越强。如果中子简并压力与引力达到平衡，恒星就稳定为中子星。中子星类似于一个不带电的巨大原子核，其密度与原子核密度相当。中子星直径只有十余千米，但每立方厘米的物质重达几亿吨。恒星收缩为中子星后，自转加快，具有极强的磁性，足以让光线发生弯曲。兹威基和巴德合作的这篇论文被誉为"物理学和天文学史上最具远见的文献之一"。

中子星示意图

随后，美国科学家奥本海默提出了一个核心问题——中子星是否存在一个质量极限？1939 年，他与苏联科学家沃尔科夫共同发表了论文《关于大质量中子核》，认为中子星的质量极限为 1.5～3 倍太阳质量，质量大于这个极限的中子星将继续发生引力塌缩。这些科学家的理论当时还只是假设，随着第二次世界大战的爆发，奥本海默等物理学家转而投身于原子弹研究，天体演化理论的探索也随之降温。

直到 1967 年，英国科学家安东尼·休伊什的女学生乔斯林·贝尔在检查射电望远镜的观测记录时，无意中发现了一些有规律的脉冲信号，周期为 1.337 秒。最终，他们确认这种奇怪的电波是来自一种前所未知的特殊星体——脉冲星。休伊什因这一发现而获得 1974 年诺贝尔物理学奖。后来，美国康奈尔大学的托马斯·戈尔德用中子星模型对脉冲星进行了科学解释，认定脉冲星是一种中子星，其发出的信号是连续的。每当脉冲星自转一圈，其磁极发出的辐射束扫过地球一次，地球就接收到一个脉冲信号。脉冲星的发现在天文学史上具有重大意义，中子星从理论假设到实际发现历经了 30 多年，钱德拉塞卡的恒星演变理论也因此终于得到了公认。

## 黑洞的探索与发现

美国物理学家、教育家约翰·惠勒（1911—2008），自幼对浩瀚宇宙充满好奇。1933 年，他从约翰斯·霍普金斯大学获得博士学位后，前往哥本哈根深造，在玻尔的指导下从事核物理研究，并在 1937 年提出了粒子相互作用的散射矩阵概念。第二次世界大战期间，他回到普林斯顿大学从事教育工作，并与玻尔共同建立了核裂变的液滴模型理论，同时参与了美国曼哈顿计划。值得一提的是，1942 年，他的学生费曼提出了著名的"费曼路径积分理论"。惠勒在原子能、相对论以及教育事业等多个领域都取得了斐然成就，在他的领导下，普林斯顿大学成为美国相对论研究的中心，培养出了一批又一批杰出的科研人才。

1956 年，惠勒继承了钱德拉塞卡、兹威基、奥本海默等前辈关于恒星演变的深厚研究成果，开始致力于探索恒星的终极命运。他回顾了历史上有关恒星理论的重要里程碑。1783 年，英国科学家约翰·米歇尔提出了"暗星预言"，认为宇宙中可能存在

惠勒(*1911—2008*)

一些极为致密（密度极大）的星体，其引力强大到足以阻止光线逃逸，从而使这些星体对地球上的观测者而言是不可见的。1915年，爱因斯坦发表了广义相对论，认为万有引力是时空弯曲的一种通俗表述，引力对光线依然起作用，光线是可以弯曲的。1916年，德国物理学家卡尔·史瓦西研究了广义相对论，并认为假如星体的质量聚集在一个很小的空间里，那么这个星体周围的时空将会发生严重弯曲，以至于任何靠近它的物体都无法逃脱其引力，光也不例外。史瓦西称这种星体为"黑星"，并给出了星体的临界半径（史瓦西半径）。而钱德拉塞卡、兹威基和奥本海默则分别提出了不同质量恒星的最终状态。钱德拉塞卡认为中低质量的恒星会演变为白矮星，兹威基认为大质量的白矮星会演变为中子星，奥本海默认为更大质量的中子星会继续发生引力塌缩。

黑洞示意图

经过十年探索，惠勒利用"现代化神器"——一台为设计氢弹而建造的人类第一台电子计算机，计算出中子简并压力仅能支撑大约 2 倍太阳质量的星体。惠勒提出了一个模式：当中子星塌缩时，星体中的核子将转化为辐射，辐射的逃逸减轻了星体的质量，直至星体质量低于中子星极限质量。1967 年，惠勒命名这种星体为"黑洞"，推测这种转化机制是"量子力学与广义相对论结合"的结果。惠勒的这一预言是深刻而有远见的，黑洞的理论也不断得到发展和完善。

1971 年，天文学家发现天鹅座 X－1 星的伴星的诸多特征与黑洞的理论预言高度契合。通过对这颗恒星轨道的精确推断，天文学家发现：其不可见伴星的质量约为太阳质量的 15 倍。如此巨大的质量，使得它既不可能是白矮星，也不可能是中子星，天文学家推断其为黑洞。直到 1990 年，随着观测数据的累积，这一推断的可信度达到 95%，有力地印证了惠勒当年的预言，使人类对宇宙的认知又迈出了坚实的一步。最新的测量结果显示，这一黑洞的质量约为太阳质量的 21 倍。

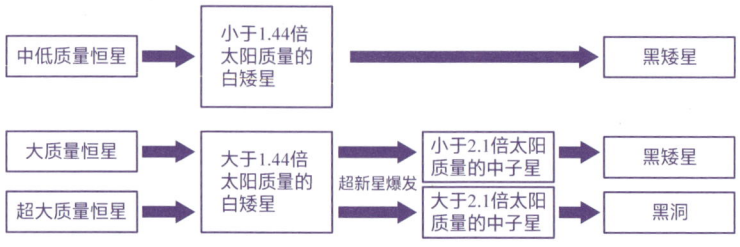

**恒星的演变说明图**

# 万物伊始的宇宙大爆炸

物理学家伽莫夫在 1934 年移居美国,并被聘为华盛顿大学教授,他从核物理学视角来解释恒星演化问题,并在 1939 年提出了超新星的中微子理论。1948 年,伽莫夫及其两个学生拉尔夫·阿尔菲和罗伯特·赫尔曼一道,将相对论引入宇宙学领域,提出了宇宙起源的新理论——大爆炸学说。他们认为,宇宙起源于约 138 亿年前的一次大爆炸,从一个超致密、超高温、体积几乎为零的质点开始,逐渐演化成如今我们所熟知的浩瀚宇宙。

大爆炸后发生了什么

大爆炸发生后的 $10^{-44}$ 秒,引力场开始形成;$10^{-35}$ 秒时,强核力开始从其他基本力中分离出来,宇宙温度高达约 $10^{27}$ 摄氏度;$10^{-12}$ 秒时,宇宙中的弱核力和电磁力开始产生,宇宙温度降至约 $10^{13}$ 摄氏度。

宇宙大爆炸的极早期，温度和能量极高，四种基本力（引力、电磁力、强核力、弱核力）处于高度统一的状态，它们相互交织，难以区分彼此的特性。随着宇宙的膨胀和冷却，温度和能量逐渐降低，这些基本力开始逐步分离，展现出各自独特的性质和作用方式。

1微秒时，温度下降，质子和中子开始形成；0.02秒时，成对的高能光子产生成双的电子和正电子，大量的能量转化为不稳定的质子与中子；0.1秒时，质子和中子按照2∶1的比例开始大量存在，宇宙开始减少能量，增加物质；1秒时，中微子因不带电最先冲出宇宙大火球，弥散到宇宙四周，它们携带的能量形成了宇宙微波背景辐射；3分钟时，宇宙中的粒子开始凝聚成原子核。

38万年后，宇宙温度下降到大约3 000摄氏度，原子开始形成。光子不再频繁地与带电粒子（电子和离子）相互作用，而是自由地传播，宇宙因此变得透明，作为整体继续膨胀和冷却。大约1亿年后，星际气体逐渐凝聚成了数十亿个氢原子云雾团（星云），遍布宇宙各处。受万有引力的影响，每个氢云雾团开始慢慢地向中心浓缩、聚集，并缓慢旋转。随着密度的增大，云雾团的直径减小，旋转速度加快，中心区域的物质密度和温度也随之升高。又过了几百万年，温度终于达到了某个临界极限，氢原子开始融合，发生核聚变，氢云雾团由此转变成一颗比太阳大得多的巨大恒星。在恒星内部，热核反应过程中产生的能量通过辐射层和对流层传递到星体表面，这就是恒星在宇宙中发出耀眼光芒

# 第七章 核天体物理

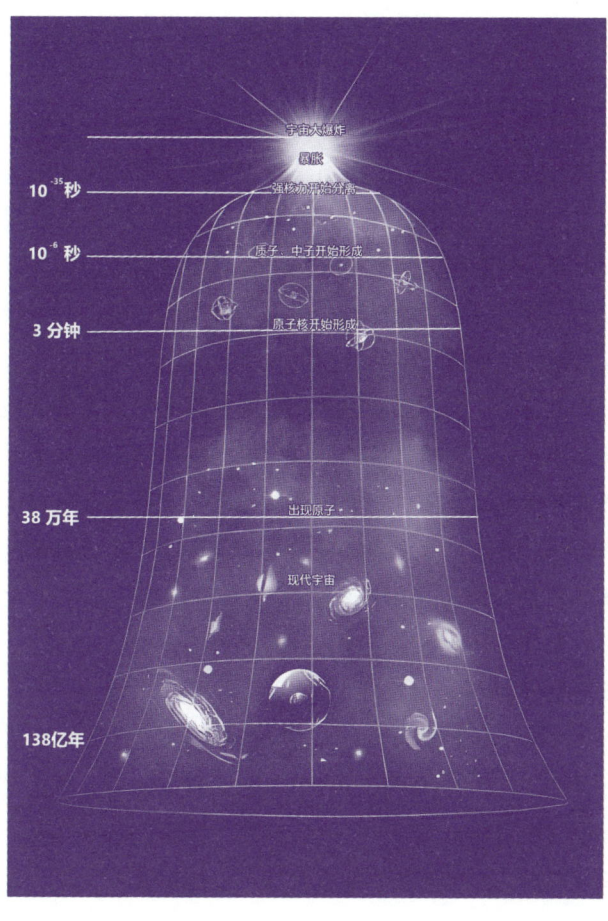

宇宙大爆炸示意图

的原因。

**宇宙微波背景辐射**

伽莫夫认为人类对宇宙的观测结果都与大爆炸学说相契合,其中就包括哈勃观测到的星系红移现象。他还预言了宇宙微波背景辐射的存在。

时间到了1964年,美国贝尔实验室的工程师阿诺·彭齐亚斯和罗伯特·威尔逊在进行卫星通信技术的研究时,无意中发现了这种宇宙微波背景辐射。当时,为了测试新建立的高灵敏度天线的噪声性能,他们将天线对准天空中没有卫星的方向,却意外地检测到了一种始终存在的噪声信号。1965年初,他们对天线进行了深入检查,这种信号依然存在。

一次用餐时,彭齐亚斯将这一令人困惑的现象告诉了他的朋友,朋友提醒他这可能是普林斯顿大学研究团队正在苦苦寻找的宇宙微波背景辐射。随后,彭齐亚斯和威尔逊与普林斯顿大学研究团队合作,通过一系列的实验,最终确认了这个噪声信号就是宇宙微波背景辐射。之后,他俩在《天体物理学报》上发表论文,正式向世界宣布了宇宙微波背景辐射的存在,并因这一发现而荣获了1978年诺贝尔物理学奖。

1965—1967年,核天体物理学和宇宙学领域取得了重大进展。伽莫夫不仅在科学研究上有着卓越的贡献,还非常重视科普工作,他的图书作品《从一到无穷大》《物理世界奇遇记》等都广受读者喜爱,为普及科学知识发挥了重要作用。

## 霍金与宇宙学

1962年，20岁的斯蒂芬·霍金（1942—2018）从牛津大学物理系毕业，考入剑桥大学攻读宇宙学博士学位。在那个时代，宇宙学并非热门学科，但霍金依然按照兴趣选择了这一领域，并师从丹尼斯·夏玛教授。夏玛的好友罗杰·彭罗斯是一位数学天才，对宇宙学充满热情，他的"时空奇点"理论对霍金产生了深远影响。

1963年，命运无情地向霍金抛出了重锤，年仅21岁的霍金被确诊患有肌萎缩性脊髓侧索硬化症，当时医生断言他只剩下两年的生命。然而，霍金并未被病魔击垮，在女友的鼓励下，他重燃对生活和事业的信心。1965年，霍金在一次学术讨论会上，聆听了彭罗斯关于"时空奇点"理论的报告。彭罗斯基于奥本海默等科学家的研究，阐述了当恒星质量超过一个临界值时，就会无限地塌缩。根据广义相对论，坍缩星的中心质量密度无限大，空间曲率趋向于无限大，导致被吸进的物质（哪怕是速度最快的

霍金(1942—2018)

光)都无法从中逃逸。彭罗斯革命性地把拓扑学引入塌缩星奇点理论研究,严格证明了黑洞(1967年命名)中心存在一个时空奇点。

霍金重返校园后,向导师提出疑问:"如果把彭罗斯的奇点理论应用于整个宇宙,将会得到怎样的结果?"这一深刻的思考,为他博士论文指明了道路。黑洞理论描述了恒星的塌缩过程,这是一个物质密度迅速增大的过程。如果时间倒转,这一过程就呈现出物质密度迅速减小的宇宙爆炸模型。同样,宇宙大爆炸理论描述一个时空迅速扩张的过程,如果时间倒转,就呈现一个时空迅速压缩的恒星塌缩模型。既然恒星塌缩会导致一个空间无限卷曲、时间趋于停滞、物理定律失效的时空奇点,那么可以推断:宇宙起源于这样一个时空奇点。霍金把黑洞演化视为宇宙大爆炸的逆过程。1966年,霍金在其博士论文中阐述了宇宙起源的时空奇点理论,断言时空起源于大爆炸,而终结于黑洞。这一理论奠定了霍金宇宙学领域的核心地位。

从20世纪70年代开始,霍金一直思索着黑洞的边缘("事件视界"),他把"事件视界"定义为"能否向遥远宇宙发送信号的事件之间的分界线"。受以色列物理学家贝肯斯坦关于"黑洞的熵"的启发,霍金结合了量子力学,于1974年发表论文《黑洞不黑》,其中就提出:黑洞存在辐射,且黑洞的质量会随辐射而不断减小,其温度会越来越高。随着学术界研究的深入,这一理论得到认可,霍金由此名声大振,黑洞辐射也被称为"霍金辐射"。

1988年,霍金出版了著作《时间简史:从大爆炸到黑洞》,这本书以其通俗易懂的语言和深邃的科学内涵,被翻译成40多种语言，全球销量超过 2000 万册。2018 年 3 月 14 日，霍金逝世，享年 76 岁。他留给世界的不仅是卓越的科学成就，还有他那坚韧不拔、乐观向上的精神，这些都鼓舞着我们在科学的道路上奋勇前行。

至于宇宙何时终结这一问题，大家不用惊慌。根据目前对太阳核聚变速度的推算，太阳大约还有 60 亿年的寿命。在其生命的末期，太阳将经历一系列复杂的演化过程，最终塌缩成白矮星，再经过漫长的岁月，逐渐冷却为黑矮星。而宇宙的寿命则更为漫长，远非我们所能轻易想象。因此，在可预见的未来里，我们不需要过于担忧宇宙的终结问题。宇宙中仍有许多未解之谜，如暗物质的本质、暗能量的来源、宇宙的最终命运等，这些都等待着我们去深入探索。

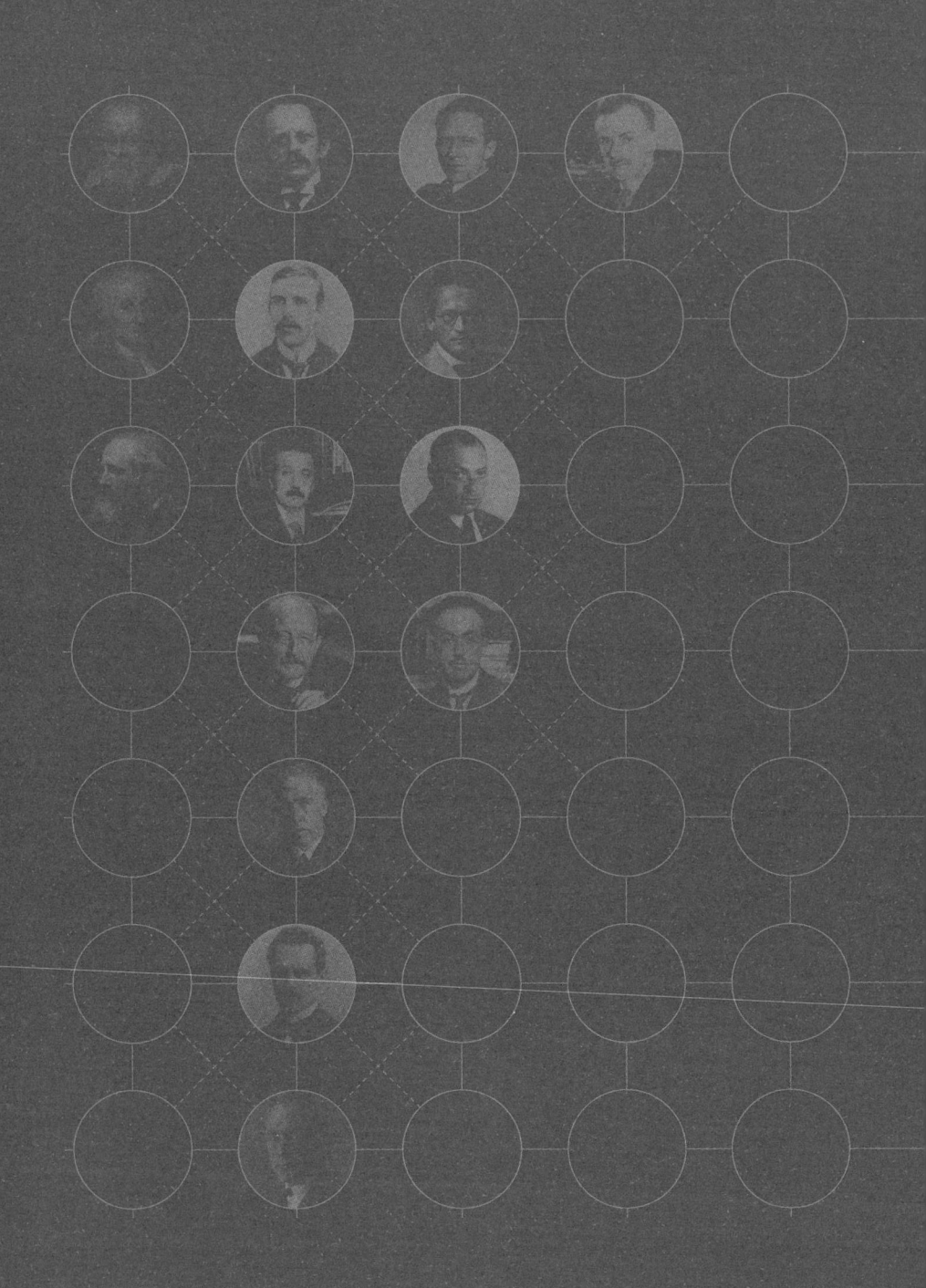

第八章

# 量子纠缠的探索之旅

# "幽灵"通信：
# 量子纠缠与隐变量探索

**纠缠态实验**

1935年，爱因斯坦与合作者波多尔斯基和罗森提出了著名的EPR佯谬实验，其中首次提出了"量子纠缠"的概念。这一现象因其"幽灵般的超距作用"令爱因斯坦困惑不解。尽管这一理论并未推翻玻尔的量子波函数概率解释，但它为后来的科学家提供了宝贵的思路。随后的科学实验证实了这种"量子纠缠"现象的存在，从而开启了量子物理学的新篇章。

1946年，美国物理学家惠勒提出假设：当正负电子相遇并湮灭时，它们生成的一对光子会具有两个不同的偏振方向，并且这两个光子是相互纠缠的。惠勒是第一个提出用光子实现纠缠态实验的科学家。1949年11月，美国哥伦比亚大学的吴健雄及其学生萨科诺夫首次成功地开展了这一实验，验证了惠勒的假设，生成了历史上第一对偏振方向相反的纠缠光子。

在实验室里，具有特定偏振方向的纠缠光子对更容易制备，也更容易保持纠缠态，因此科学家通常选择偏振纠缠光子对来进行实验。光具有波动性质，有其振动方向。当自然光通过一个特定方向的偏振片时，光的振动方向会受到限制，成为只沿某一方向振动的"偏振光"。偏振片中的狭缝方向被称为"偏振轴"。如果偏振光的振动方向与偏振片的轴一致，光就可以通过；如果两者相互垂直，光就无法通过；如果两者成45度角，就会有一半的光通过，而另一半则不能通过。

在量子理论中，光具有波粒二象性，通过实验可以让光源发出一个个独立的光子。单个光子也具有偏振信息，对于单个光子来说，进入检偏片后只有"通过"和"不通过"两种结果。因此，当入射光子偏振方向与检偏片方向成45度角时，每个光子有50%的概率通过，50%的概率不通过。这意味着，光子既可以实现纠缠，又携带着易于测量的偏振性质。因此，科学家完全可以用光子设计实验，检验爱因斯坦提出的EPR佯谬。

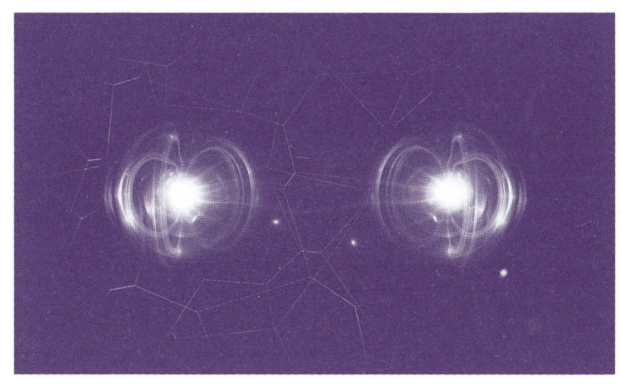

量子纠缠示意图

## 玻姆的量子势——隐变量探索

时间到了 1952 年，奥本海默的学生、美国物理学家戴维·玻姆出版了《量子物理》教材，并对哥本哈根诠释产生怀疑。与爱因斯坦深入交流后，玻姆更坚定了探索 EPR 佯谬中的未解之谜。同年，他在《物理评论》上连续发表两篇文章，提出了量子力学的隐变量理论。

在玻姆的量子理论中，微观粒子不仅受到常规力作用，还受到一种微妙的隐变量——"量子势"的影响。量子势掌握了波函数所描述的整体信息，并指导粒子的运动。量子势是一种由粒子发散、遍布整个宇宙的势场，即波函数场，它遵循薛定谔方程。对于 EPR 实验中的双粒子的相关性，玻姆解释为：它们不过是同一方程式中的两个因子——变量和隐变量，它们的同步变化是逻辑上的必然。

玻姆的隐变量理论发表后，德布罗意认为这不过是自己"双重解理论"的翻版，因此深受鼓舞。而"上帝之鞭"泡利却毫不留情地批评这一理论，认为"这纯粹是新瓶装老酒"。爱因斯坦认为玻姆在捍卫实在性的同时却抛弃了定域性，因为玻姆的量子势能够同时作用于不同区域的双粒子，这正是爱因斯坦所反对的"幽灵般的超距作用"（即非定域性）。因此，玻姆的隐变量理论遭遇了冷遇。尽管玻姆试图推翻冯·诺伊曼在 1932 年提出的"隐变量理论的不可能证明"并未成功，但他的工作并不是毫无价值的。科学的进步往往伴随着对否定的探索。

## 贝尔不等式——隐变量模型

尽管爱因斯坦于 1955 年离世，但他在 1935 年提出的 EPR 佯谬依然是指引物理学家前行的灯塔。20 世纪 60 年代，英国物理学家约翰·贝尔（1928—1990）在美国斯坦福大学访问期间，得知玻姆的隐变量理论之后，认为隐变量正是爱因斯坦所寻求的、量子力学完备性的最后一块拼图。1963—1964 年，贝尔发表了两篇具有开创性的论文，第一篇论文分析了冯·诺伊曼关于隐变量不可能证明的逻辑漏洞，第二篇论文为《论 EPR 佯谬》。

爱因斯坦坚信量子纠缠的随机性只是表面现象，其背后可能隐藏着未知的隐变量。贝尔支持这一观点，并认为玻尔可能忽略了隐变量存在的可能性，那么，能否通过实验来证实爱因斯坦的观点？贝尔沿着概率统计的思路继续思考：假设隐变量存在，它会影响粒子的行为，那么它必然与粒子的某个可测量属性有一定的联系。如果多次观测这一可测量属性并计算统计平均值，就能揭示它们之间的联系。最终，他推导出"贝尔不等式"。

贝尔认为，如果一个系统存在隐变量，那么对这一变量的统计测量结果就应该满足这个不等式。在这一假设前提下，贝尔运用经典统计方法推导出贝尔不等式，其推导过程与量子理论无关。因此，我们可以得出结论：如果隐变量存在，测量结果就应该符合贝尔不等式；反之，如果测量结果违背了不等式，就说明系统不存在隐变量。贝尔不等式将 EPR 佯谬中的思想实验转化为真实可行的物理实验，将爱因斯坦与玻尔之间原本充满哲学意味的辩论，转变为可由实验结果定量判断的科学问题。

## 贝尔实验

随着 20 世纪 70 年代的到来，量子物理的先驱们大多已离世。

贝尔(*1928—1990*)

1955 年，爱因斯坦带着对"上帝掷骰子"的质疑，永远地离开了我们；1958 年，泡利带着"上帝的鞭子"也匆匆离开了这个世界；1961 年，薛定谔在奥地利的阿尔卑巴赫山村中，静静地走完了他的一生；1962 年，玻尔在丹麦去世，临终前还在黑板上画着其曾与爱因斯坦辩论的光子逃逸图；1970 年，玻恩带着他对"量子纠缠"的深刻理解，离开了我们；1976 年，沉浸于量子矩阵理论的海森堡也与世长辞。他们共同铸就了量子物理学的黄金时代，他们的成就如同璀璨的星辰，依然闪耀在科学的天空，令我们热泪盈眶，激励着我们继续在科学的道路上奋勇前行。

约翰·克劳泽，1942 年出生于美国加利福尼亚一个学术之家，自幼在这些科学故事和物理问题的探讨中耳濡目染。在加州理工学院求学期间，他受导师费曼的影响，开始思考量子力学基本理论中的关键问题。20 世纪 70 年代初，他前往哥伦比亚大学拜访吴健雄，向她请教 20 多年前她首次观察到量子纠缠光子对的经历。回到学校后，克劳泽向导师费曼表示，他决定通过实验来测试贝尔不等式和 EPR 佯谬。

1972 年，克劳泽完成了一个关于纠缠态光子的实验，实验结果违背了贝尔不等式，从而证明了量子力学的正确性。这一结果引起了众多实验物理学家的注意，尽管对他实验方法的非议也源源不断，但直到 2022 年，克劳泽因在"纠缠光子实验验证违反贝尔不等式和开创量子信息科学"方面的贡献而荣获诺贝尔物理学奖。

1982 年，巴黎第十一大学的阿兰·阿斯佩等人在贝尔的协助下，改进了克劳泽的贝尔不等式实验，实验结果同样违背了贝尔不等式，证明了量子力学的非局域性。1998年，安东·蔡林格等人在奥地利因斯布鲁克大学完成了贝尔定理实验，彻底排除了定域性漏洞，使得量子力学的非局域性得到了更确凿的证实。1996年，潘建伟赴奥地利因斯布鲁克大学攻读博士学位，师从蔡林格，并亲历了这个贝尔实验，于2000年完成了涉及三个粒子的贝尔实验，为量子力学的实验验证做出了重要贡献。20世纪90年代初期，潘建伟在中国科技大学读研究生，曾受到中国量子光学先驱郭光灿教授的指导。

阿斯佩、蔡林格与克劳泽共同荣获2022年诺贝尔物理学奖，这是对他们多年来在量子力学实验验证领域做出卓越贡献的肯定。克劳泽的开创性实验至今已经过去了50年，世界各国的科学家在实验室里进行了许多类型、多种方式的贝尔实验。在光子、原子、离子、超导比特、固态量子比特等多种系统中，人们都验证了贝尔不等式的不成立，所有的实验都无一例外地支持量子理论。

# 一测即变：
# 电子双缝干涉实验

**单电子双缝干涉实验**

  1924年，德布罗意发表了物质波理论，揭示了电子作为粒子也具有波动性。1926年，薛定谔建立了粒子运动的波动方程，从而使粒子的"波粒二象性"得到了广泛的认同。1961年，德国蒂宾根大学的克劳斯·约恩松对电子束进行了双缝干涉实验。实验结果显示，电子束通过双缝后，在探测屏上形成了多条干涉条纹，这一现象是电子波动性的直接证据，因为这些条纹是电子波从两个狭缝中同时穿过并相互干涉的结果。

  约恩松进一步改进实验，将电子束改为受控单电子，即每次只发射一个电子，探测屏上依然逐渐形成了双缝干涉的多条条纹。这一结果似乎表明，单个电子能以某种方式同时穿过两个狭缝，并自己与自己产生了干涉。这一现象虽然证实了电子的波动性，但一个电子同时穿过两条狭缝让物理学家深感困惑。

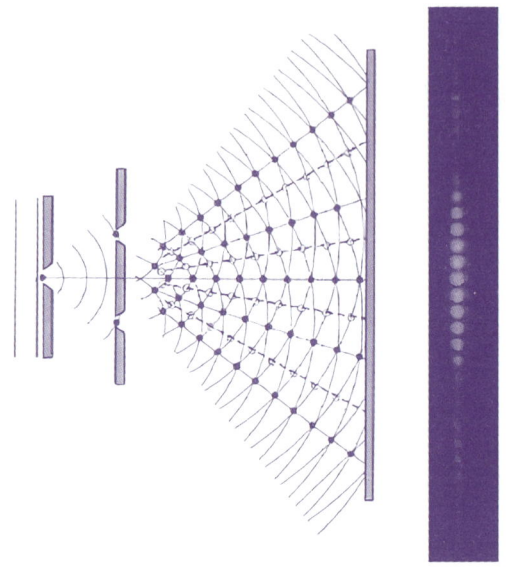

**单电子双缝干涉实验示意图**

## 单电子观察双缝干涉实验

电子究竟是通过哪条缝而产生这些干涉条纹的呢?为了解答这个问题,1974年,意大利米兰大学的物理学家皮尔·梅利在约恩松的实验基础上进行了创新。他在双缝的后面安装了高清摄像头,在电子一个一个发射的同时,可以通过监视器实时观察电子的路径。梅利希望通过这种方式,弄清楚电子到底是从哪一条缝穿过的。

然而,实验结果出人意料:当电子的路径被观测时,原本预期的多条干涉条纹神秘地消失了,取而代之的是两条平行的条纹。电子与经典粒子的行为一致,是直线通过双缝的,表明这时的电子只呈现出粒子性，而丧失了波动性。更令人惊讶的是，当移除摄像头，不再观测电子的路径时，干涉条纹再次出现，电子恢复了其波动性。

只要去观测电子的路径，干涉就会消失，这一现象让物理学家更加疑惑！有的科学家认为，观测电子的行为必然会对电子造成干扰，从而改变了电子的属性，导致其波动性的丧失。而哥本哈根学派则认为：观测行为会影响测量结果和电子在被观测后的行为，电子在被观测前是一团概率波，在被观测之后，波函数塌缩使得电子呈现出粒子性。这一争论持续了很多年，但观测双缝干涉实验结果清晰地表明：假如测得电子路径信息，干涉条纹就会消失。

# "预知"未来：
# 光子延迟选择实验

1979年，正值爱因斯坦诞辰100周年之际，科学家在普林斯顿大学召开了一场纪念讨论会。在这次会议上，惠勒提出了"光子延迟选择实验"的构想，深刻地探讨了光子的波粒二象性。实验分为三个阶段：

**第一阶段** 从光源发出一个光子，让其通过半透镜1。此时，光子被反射与透射的概率各为50%。如果被反射，那么光子将来到反射镜A；如果被透射，那么光子则走向反射镜B。也就是说，光子在半透镜1处面临着两条路的选择：要么走向反射镜A，要么走向反射镜B。在C点附近，我们放置两个探测器D1和D2，分别接收来自路径A或路径B的光子。实验结果显示，光子只能在探测器D1或D2上形成一个光点，这时候的光子表现出了粒子性，如图（a）所示。

**第二阶段** 接着，我们在C点放置另一个半透镜2，这个半透镜同样使到达C点的光子有50%的概率被反射，50%的概率被透射。按照常理，无论光子从路径 A 还是从路径 B 经过，经过半透镜 2 之后，它应该只会进入探测器 D1 或 D2 中的一个。然而，实验结果出人意料：在探测器 D1 和 D2 中都出现了干涉条纹！这

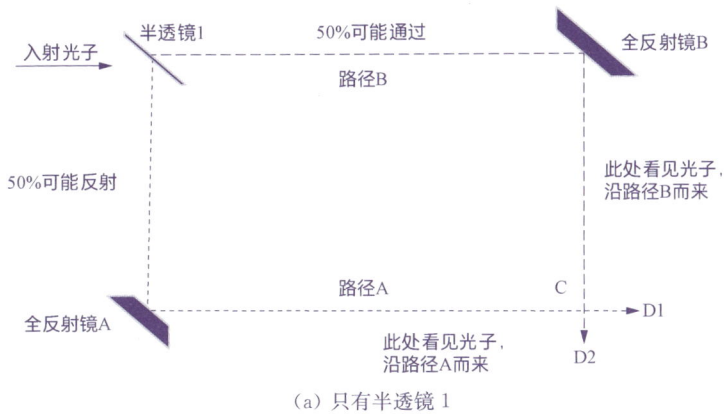

（a）只有半透镜 1

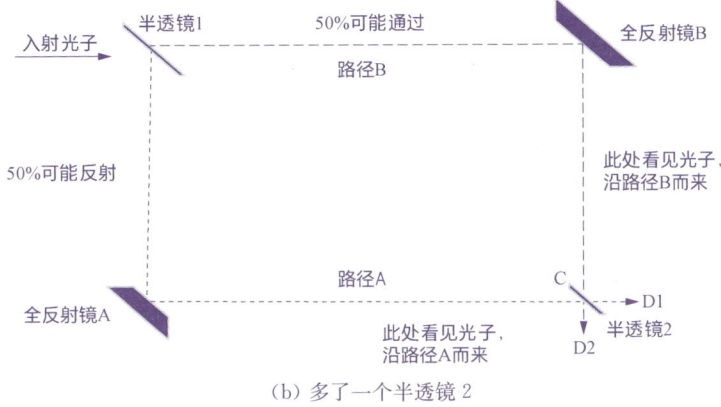

（b）多了一个半透镜 2

**光子延迟选择实验示意图**

说明光子同时经过了路径 A 和路径 B，表现出了波动性，如图（b）所示。

因此，光子到底是粒子还是波，似乎取决于是否在 C 点放置了半透镜 2。也就是说，光子在到达半透镜 1 的时候似乎已经知道在 C 点是否有半透镜 2，并据此做出了选择：如果没有放半透镜 2，光子就把自己"打扮"成粒子；如果放了半透镜 2，它就把自己"打扮"成波。

**第三阶段**　我们延迟在 C 点放半透镜 2（即等光子已经通过了半透镜 1，快达到终点 C 时，才将半透镜 2 放上去），也就是说，在光子已经"决定"选择波动性还是粒子性之后，我们再去放置半透镜 2 去观察它。1984 年，马里兰大学的卡罗尔·阿利及其同事成功实施了光子延迟选择实验。实验结果令人瞠目结舌：即使延迟放置半透镜 2，探测器中仍出现了干涉条纹，与第二阶段的实验结果相同。这表明无论我们如何选择操作方式，光子似乎能"预知"我们的观测选择，并据此改变自身状态。这一现象挑战了传统的因果关系和时间顺序，引发了关于量子纠缠和观察者效应的深入讨论。

惠勒作为哥本哈根学派的重要继承者，对这一现象解释如下：我们不应将观察仪器（如半透镜 2 与探测器 2）与观察对象（光子）分开讨论。我们没有必要去详细探索光子未被测量时的情形，那是无意义的。惠勒强调了测量行为本身对量子系统状态的影响。

惠勒的量子观与玻尔的观点一脉相承。2008 年，被誉为"哥本哈根学派的最后一位大师"的惠勒与世长辞，享年 97 岁。尽管他未曾荣获诺贝尔奖，但他在物理学领域的贡献是不可磨灭的。

# 一擦即现：
# 量子擦除实验

1982年，美国物理学家马兰·斯库利提出了"量子擦除实验"的构想。1991年，斯库利及其合作者给出了具体的实验方法。首先，利用一种实验手段给被探测的粒子贴上了一个标签，这个"贴标签"的过程使得干涉条纹随之消失。然后，借助一种巧妙的方法，将这个标签"擦除"，干涉条纹就随之恢复了。这就好比使用了一个"量子橡皮擦"，擦去了关于粒子路径的所有信息，使得粒子重新表现出波动性。

1999年，他们成功开展了量子擦除实验，该实验是双缝干涉实验的一个变形和拓展。实验结果表明，如果获得了电子的路径信息，那么就观测不到干涉条纹；但一旦擦除这些路径信息，干涉条纹又会重新被观测到。

2007年，拉赫尔·希尔默发表论文《自制量子橡皮擦》，其中就提供了一个简化的实验方案，如图所示。实验的第一阶段（a）是标准的电子双缝干涉实验。第二阶段（b）在原有基础上额外加入了一个光源,光源发出的光因遇到穿过不同狭缝的电子而发生散射,被不同狭缝散射的光子分别被计数器 D1 或 D2 所俘获,以此可以确定电子是经过哪条缝过来的。不过,一旦打开计数器检测电子的路径,屏幕上的干涉条纹就会消失。第三阶段(c)在散射光路上加入一个透镜,使得从两条缝来的光子聚焦在同一位置。这时,两路光子均被计数器俘获,从而使我们无法区分它们来自哪条狭缝。这个透镜就像橡皮擦一样,将第二阶段

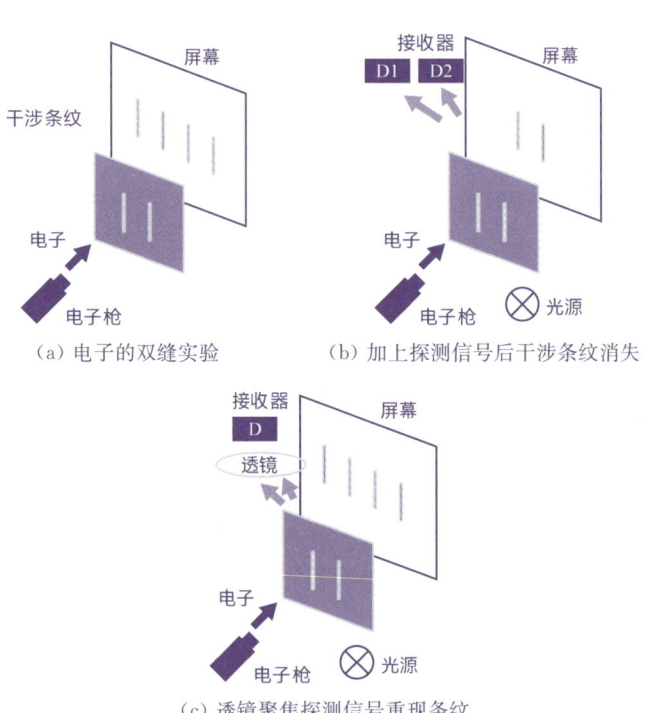

**量子擦除实验示意图**

(b)中关于电子路径的信息给擦除了。实验表明：一旦擦除这部分信息，屏幕上的干涉条纹就又重新出现了！

单电子双缝干涉实验和单电子观察双缝干涉实验的奇异现象已经足够令人费解，而光子延迟选择实验和量子擦除实验更是增添了几分神秘色彩。超微观世界中展现出的种种神奇现象，激发了无数年轻物理学家对未知世界的渴望。

正如费曼在其著作《费曼物理学讲义》中所言："双缝实验包含了量子力学的核心思想，事实上，它正是量子力学唯一的奥秘存在。"在讲授量子物理时，费曼满怀期望地对学生说："我最希望的是，你们能够像物理学家一样，领略到这个世界的美妙。我坚信，物理学家看待世界的方式，是现代文化内涵的主要组成部分。"

专题：
# 量子计算机

　　RSA 加密系统（以其发明者的姓氏首字母命名）是当前广泛使用的公钥加密算法，其安全性是基于一个简单有效的数论事实：将两个质数相乘较为容易，但将其乘积因式分解为构成它的质数却非常困难。对经典计算机而言，破解高位数的 RSA 密码几乎是不可能的。1994 年，IBM 公司使用 1 600 台工作站并联，花了 8 个月才成功分解了一个 129 位的大数。因此，这一特性使得 RSA 广泛应用于电子银行、网络通信等领域。

　　随着量子技术的发展，它与信息科学的结合催生了一个新的学科——量子信息学。这一新兴领域正推动着量子计算机和量子通信技术的飞速发展，预示着计算机和通信领域将迎来一场变革。

　　经典计算机虽然在设计和制造过程中，间接地受益于量子力学的成果，如晶体管和集成电路等，但其电子电路和运算算法本身并不直接涉及量子物理。1982 年，费曼首次提出了利用量子物理微观世界的工作原理来构建量子计算机的概念,这一思想被认为是量子计算的理论基础。量子计算机是基于量子力学的先进计算设备,因此在原理、器件、算法等方面与经典计算机有着根本的不同。

### 量子比特

经典计算机中的存储单元和运算单位是比特(bit),利用晶体管的断通状态来表示 0 和 1,N 个比特能表达 $2^N$ 个数的某一个数,例如,5 个比特组成的序列"10010"表示 32 个数字中的数字 18。相比之下,量子计算机中使用量子比特(qubit)作为其记忆单元和信息储存方式,利用量子叠加态来同时实现 0 和 1。因此,N 个量子比特能同时表达 $2^N$ 个数的每一个。例如,5 个量子

量子比特平台示意图

比特可以一次表达 32 个数字。这种特性使得量子计算机在存储容量和运算速度上具有显著优势，理论上，一台量子计算机相当于多台经典计算机同时进行运算。

量子计算机的硬件组成部分包括量子晶体管、量子存储器、量子效应器。量子效应器相当于一个大型的控制系统，负责协调和控制各部件的运行。

量子算法

1994 年，贝尔实验室的彼得·肖尔提出一种量子分解算法（即肖尔算法），这一算法是利用量子计算机固有的并行运算能力，能在相对较短的时间内将一个大整数分解为若干质数的乘积。根据肖尔算法，量子计算机分解一个 1000 位的数字只需要 20 分钟，这意味着量子计算机可用于破解现在的 RSA 加密系统。换言之，量子计算机对现有的 RSA 密码体系构成了潜在威胁。

1996 年，印度裔美国计算机学家洛夫·格罗弗提出了量子搜索算法（即格罗弗算法），旨在从大量未分类的个体中，快速寻找出某个特定的个体。例如，从 200 万个抽屉中寻找藏在某个抽屉里的特定小球，经典计算机需要搜索约 100 万次才能找到，而利用格罗弗算法，只需要搜索约 1000 次。如今，肖尔算法和格罗弗算法，已经成为构造其他量子算法的重要基石。

退相干

量子计算机之所以具有超越传统计算机的潜力，主要归功于其能利用量子叠加态和量子纠缠等独特的量子相干特性。然而，这种相干状态极为脆弱，在外界环境的影响下会产生"退相干"现象。退相干意味着量子系统的波函数发生塌缩，粒子间不再互相纠缠，转而与周围环境产生纠缠。在量子计算过程中，一旦发生退相干就会影响计算结果，从而出现错误。因此，为了避免退相干，使量子计算系统维持独立性和准确性，我们需要把量子计算系统与外部环境有效隔离。量子退相干问题是目前量子计算领域亟待解决的关键问题之一。

各国实施"矛"计划

肖尔提出的量子分解算法，可以迅速破解现在广泛使用的 RSA 加密体系；格罗弗提出的量子搜索算法，可以破解 DES（数据加密标准）密码体系。按理论估算，对于前面提到的 129 位的大数进行质因子分解，如果使用一台拥有 2 000 个量子比特的量子计算机，只需要 1 秒即可分解完成。因此，各国政府意识到，量子计算机的研发不仅是展现国家科技实力的技术问题，更是关乎国家安全和信息安全的政治议题。为了打造更锐利的"矛"，各国纷纷投入巨额资金和科研力量，加速量子计算机的研究进程。

2002 年，美国发布"量子信息科学发展规划"，明确了发展量子计算机的计划。IBM、英特尔、谷歌、霍尼韦尔等公司也加入了量子计算机的探索行列。2009 年，耶鲁大学的科学家制造了首个固态量子处理器，同年，世界首台可编程的通用量子计算机在美国诞生。随后，英国、德国、俄罗斯等国家和地区也相继加入了这场世纪之争。中国政府早在"十三五"规划中就已将量子科技列为国家科技战略的重要组成部分，中国的科研机构和高校一直在积极研制光子型、超导型、离子型量子计算机，并不断取得令人欣喜的进展。

　　2019年，谷歌公司宣布研制出一台53量子比特的超导量子计算机，其在3分20秒内完成了一项传统计算机需要耗时1万年的问题处理任务。公司声称实现了全球首次"量子霸权"（后改为"量子优越性"）。2020年底，中国科学技术大学潘建伟团队研发了76个光子的光量子计算机"九章"，演示了50个光子的高斯玻色子取样，在200秒内就观测到3 097 810个样本事件，其取样速度是经典计算机最快速度的$10^{14}$倍，比谷歌的量子处理器快100倍。这一成果标志着中国成为全球第二个实现"量子优越性"的国家。2021年11月，IBM公司宣称已经研制出一台能运行127个量子比特的量子计算机"鹰"。

# 专题：
# 量子通信

量子计算机以其强大的计算能力，被认为能破解目前广泛使用的 RSA 加密算法，这使得传统的加密方法面临前所未有的挑战。因此，各国都在积极发展量子保密通信技术，旨在打造坚不可摧的"盾"，以确保国家安全。

量子通信的安全性基于几个核心的量子力学原理：不可克隆定理、测量不确定性、测量塌缩和量子纠缠。这些原理共同作用，使得量子通信在理论上具备了绝对的安全性，即使面对量子计算机的攻击，也能确保信息的机密性。

## 量子密钥分发

量子密钥分发（QKD）技术的发展历史可以追溯到 1970 年，当时美国哥伦比亚大学的斯蒂芬·维斯纳在其论文《共轭密码》中首次提出了量子力学在密码学中的潜在应用，指出量子力学可以完成经典密码学无法完成的事。1984 年，查尔斯·贝内特等人将这一概念与私钥密码技术相结合,提出了 BB84 量子密钥分发协议,这标志着量子密码通信的正式诞生。

量子密钥分发需要借助经典通道和量子通道:经典通道负责传递用量子密钥加密后的真实信息,而量子通道负责产生和分发量子密钥(也称量子密码)。量子密钥分发旨在两个相互分离的通信双方之间建立起完全安全的密钥传输通道,是目前量子通信领域中唯一走向实用化的分支。

量子密钥分发的安全性是基于量子力学的不可克隆性、测量的不确定性,可以确保传送过程中任何窃听密钥的行为都会被合法用户发现。目前通用的量子密钥分发是以单个光子作为信息载体,通过收发双方随机测量这些光子的状态,并选取测量方式相同的结果来形成一组量子密钥。如果存在窃听行为,收发双方的测量错误率会显著上升,从而使窃听行为迅速被发现。因此,一组成功生成的量子密钥在理论上是绝对安全的,用其加密的信息由经典通道传输是不可破译的。

为了国家信息安全,科学家一直在不断探索和努力。2005年,我国量子密钥分发实验实现了 100 千米的距离。2001 年,31 岁的潘建伟从欧洲回国,在中国科学技术大学组建了量子信息实验室。2003 年,潘建伟团队提出了发展量子信息的远景目标。2005 年,潘建伟团队完成了"自由空间纠缠光子的分发"实验。2010 年 7 月,合肥城域量子通信试验示范网开始实施。2016 年,中国发射了"墨子号"量子科学实验卫星,完成了三大科学目标:星地高速量子密钥分发、千千米级量子纠缠分发、星地量子隐形传态。期间,中国还完成了世界首条千千米级量子保密通信

"京沪干线"的建设。2021年，中国科学技术大学宣布成功实现了跨越4600千米的星地量子密钥分发，实现了我国量子保密通信领域从跟跑到领跑的转变。

**量子直接通信**

量子直接通信是一种以量子态作为载体来编码和传输信息的技术，它改变了传统保密通信依赖于双信道的结构。其中，发送方利用多个光子的偏振态来编码信息，并将大容量的信息直接传输到接收方。由于一个量子态可以同时表示0和1，7个这样的量子态就可以同时表示$2^7$（128）个不同的状态，量子直接通信的速率就相当于经典通信方式速率的128倍。

然而，量子直接通信也面临一些挑战。首先，如果信息传输过程中部分光子被窃听者探测，就会发生"量子塌缩"，导致接收方察觉并随即作废这些信息，以确保通信安全，但这就意味着通信效率可能受到影响。其次，由于光子在光纤中的传输损耗极大，且容易受到噪声干扰，在长距离传输中保持量子态的稳定性非常困难。

2022年4月13日，北京量子信息科学研究院和清华大学的科学家合作设计出一种相位量子态与时间戳量子态混合编码的量子直接通信系统，成功实现了100千米的量子直接通信，这是目前世界上最长的量子直接通信距离。我们坚信，通过科学家的不懈努力，利用量子态作为载体进行大容量信息传输，实现真正意义上不可破译的量子保密通信将不再遥远。

**量子隐形传态**

1993年,美国科学家贝内特等人提出了"量子隐形传态",也就是将一个粒子的所有物理特征信息传输到远处的另一个粒子,使该粒子在接收这些信息后,成为原粒子的完美"复制品"。这一过程中传输的是粒子的量子态,并不是粒子本身。传输结束后,原粒子的量子态已经发生改变。值得注意的是,量子隐形传态不是"瞬间移动",它仍依赖于经典通道来传递信息,且速度受限于光速。

量子隐形传态是一种纯粹的量子信息传输方式,其核心是发送方A和接收方B之间基于量子纠缠态的量子信道。为了完成传输过程,量子隐形传态需要两个信道:一个经典信道和一个量子信道。整个过程是:A将原物信息分成经典信息和量子信息两部分,经典信息通过广播、电话等经典信道传输到B;量子信息则是由A对量子纠缠态一端的操作,经量子信道而传送到B。当B接收到这两部分信息后,就可以制备出原物量子态的完美复制品。而在整个过程中,A和B所持的粒子都未发生物理移动,这太神奇了!

1997年,奥地利因斯布鲁克大学蔡林格教授的实验室第一次成功验证了量子隐形传态。当时,正在因斯布鲁克大学攻读博士学位的潘建伟,亲眼见证了量子隐形传态的实现。2012年,中国科学技术大学的潘建伟团队在国际上首次成功实现百千米级的自由空间量子纠缠分发和量子隐形传态。2016年,随着"墨子号"量子科学实验卫星的发射,他们进一步完成了千千米级的验证。同年,美国国家航空航天局喷气推进实验室的研究人员利用城市光纤网络实现了量子隐形传态。

但是,由于存在不可避免的各种环境噪声,量子纠缠态的品质(保真度)会随着传送距离的增加而逐渐降低。因此,如何提纯高品质的量子纠缠态,成为量子通信研究中的重要课题。

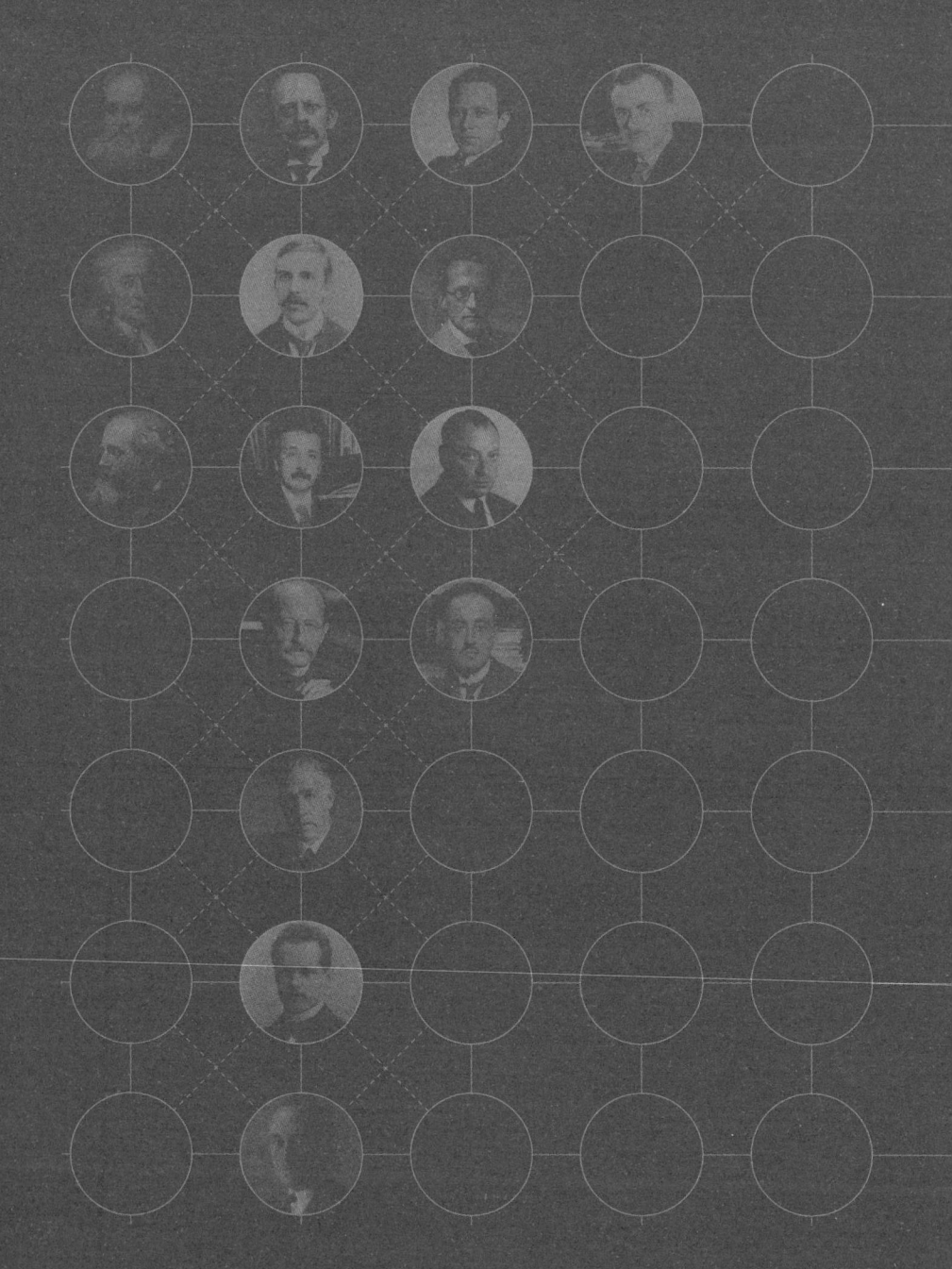

第九章

# 量子场论与粒子物理

# 规范场的统一之路

爱因斯坦在完成广义相对论后，开始尝试将麦克斯韦的电磁力和牛顿的引力统一起来，以期实现宇宙基本力的大统一，这也成为其他物理学家追求的目标。

在量子力学中，费米子场即物质场（如电子、夸克）的相位变换被称为规范变换，单参数的相位变换在数学上可用 U(1) 群（也就是阿贝尔群或交换群）来表示，相应的规范变换被称为"阿贝尔规范变换"。相对而言，非阿贝尔群则属于非交换群，其群元素可用来描述不可交换的规范变换。如果理论中存在多个物质场，它们的相位变换由非阿贝尔群元素来描述，那么相应的变换叫作非阿贝尔规范变换。而"定域"意味着其中的变换参数是一个与时空相关的函数。

## 非阿贝尔规范变换的探索

规范变换的历史源头可以追溯到德国数学家、物理学家赫尔曼·外尔（1885—1955）在 1918 年所做的尝试——"规范不变

# 第九章 量子场论与粒子物理

**外尔**(*1885—1955*)

性"。外尔开始探索时空的可能数学结构,尝试寻找麦克斯韦的电磁理论与爱因斯坦的广义相对论之间的共性。他研究了随时空变化的场的重新标度问题,并大胆猜测电磁势可能正比于该标度因子。然而,这一猜测很快被爱因斯坦等人证明是不可行的,即标度变换不变性其实无法导出正确的电磁场理论。尽管如此,外尔的这些尝试却成为规范理论的雏形。

1926年,薛定谔发表了波动方程,从而使标量因子向相位因子的转变成为可能。受薛定谔工作的启发,苏联物理学家弗拉基米尔·福克发现,电磁场理论在满足狭义相对论和量子力学的前提下,可以在玻色子场(如光子)和费米子场(如电子)中同时进行类似于外尔标度变换的时空变换,且保持形式不变性,这种相位变换就是阿贝尔规范变化。1927年,德国物理学家弗里茨·伦敦发表了论文《外尔理论的量子力学诠释》,进一步发展了外尔于1922年提出的标度变换思想。

1927年,外尔因福克和伦敦的工作而深受鼓舞,发表了论文《量子力学与群论》,并于1929年发表了论文《电子与引力》,正式将自己提出的基于标度不变性的规范理论修正为基于定域相位不变性的规范理论。在统一描述引力和电磁力的研究过程中,他发现了电磁理论的阿贝尔规范对称性,这种形式的统一场论成为当时理论物理的主流研究方向之一。

外尔"遇事不决"的性格在其发表论文的决策上,以及接受美国普林斯顿高等研究院工作的邀请上,都表现得淋漓尽致。

1932年底，受到爱因斯坦的推荐，普林斯顿高等研究院院长亚伯拉罕·弗莱克斯纳邀请外尔加盟普林斯顿。对于是否接受这个职位，外尔犹豫不决。1933年1月3日，他发电报给弗莱克斯纳表示愿意接受聘任，但次日改变主意，发电报说暂时无法接受普林斯顿的好意。第三天，他又发电报表示接受聘任，并发誓不再反悔。然而，到了1月11日，外尔以搬家困难为由再次放弃了入职的机会。这一系列反复无常的决定给普林斯顿管理层留下了负面印象。

直到1933年9月，由于德国政治和社会环境的恶化，特别是考虑到妻子（犹太身份）的处境，外尔再次考虑加盟普林斯顿高等研究院。他的申请经过一番周折后最终获得批准。1933年10月，外尔携家人来到普林斯顿，并搬入了默瑟大街284号的住宅。

20世纪30年代，物理学界正面临着一项重大挑战：不仅未能实现引力与电磁力的统一，还意外发现了两种新的基本力。1934年，费米发现了中微子，并提出了弱相互作用力——一些基本粒子（如β衰变中的中子、质子、电子和中微子）之间的相互作用力，当时这一概念还十分模糊。早在1928年，伽莫夫就提出了原子核内存在一种核力；1932年，查德威克发现了中子，揭示了原子核由质子和中子组成，从而使核力进一步明确；1935年，汤川秀树提出了质子和中子通过交换一种名为介子的粒子，形成原子核内的强核力，并认为核力是短程力，这一理论开启了研究强相互作用的新篇章。

20世纪30年代开始，一些物理学家开始沿着外尔的思路，探索如何将强核力、弱核力与电磁力和引力统一起来。1938年，瑞典物理学家奥斯卡·克莱因在波兰理论物理国际研讨会上，介绍了他的矢量规范理论以及电磁力与弱核力的统一模型。然而，第二次世界大战的爆发打乱了克莱因和其他理论物理学家追寻大统一理论的计划。1953年，泡利从基于六维时空的引力理论出发，通过将额外的两维空间"紧致化"来实现对现实世界的描述。但他注意到，规范不变性会导致静止质量为零的矢量粒子的出现，这与已知的短程核力的性质不符，于是泡利选择不公开发表这些工作。1954年2月，泡利在普林斯顿高等研究院做了一场学术报告，介绍了令自己耿耿于怀的非阿贝尔规范场理论，他所做的工作其实非常接近真正意义上的非阿贝尔规范场理论。

杨-米尔斯理论

正如前文所说，实现宇宙四大基本力（电磁力、弱核力、强核力、引力）的大统一，一直是科学家的梦想。到了20世纪50年代，电磁力的量子电动力学已成熟，而关于弱核力和强核力的研究工作也已铺垫了基础。在这一关键时期，31岁的中国籍科学家杨振宁（1922—  ）开始崭露头角。

1942年，杨振宁毕业于国立西南联合大学物理系，并在清华大学物理学部深造。1945年，他赴美国芝加哥大学，师从后被誉为"美国氢弹之父"的爱德华·泰勒教授，并受到"现代物理学教父"费米的指导。由于对实验物理学的成果感到不满意，杨振

第九章　量子场论与粒子物理

杨振宁(*1922— *)

宁转向了理论物理学的研究，并对群论与不变性表现出浓厚的兴趣。他尝试将电磁规范不变性推广为一个新原理，以描述新发现粒子间的强相互作用，但未能成功。1948 年，杨振宁获得博士学位，于 1949 年到奥本海默主持的普林斯顿高等研究院开展博士后工作。同年，杨振宁与费米合作提出了基本粒子的第一个复合模型。不幸的是，合作不久，费米因病于 1954 年去世，年仅 53 岁，这是物理学界的巨大损失。

1953 年夏天，杨振宁在访问布鲁克海文国家实验室期间，与哥伦比亚大学的学生罗伯特·米尔斯经常讨论规范不变性理论。与外尔、克莱因和泡利不同，他们没有走高维引力理论的老路，而是直接从强相互作用的同位旋守恒出发，探索与电荷守恒类似的规范不变性。杨振宁和米尔斯独辟蹊径，不再局限于统一引力和电磁力，而是从电磁力、弱核力、强核力入手，在外尔的工作基础上，把电磁作用的定域规范不变性原理，扩展至不可对易的定域对称群，揭示了规范不变性可能是电磁相互作用及其他相互作用的共同基础，为规范原理统一各种相互作用开辟了新路径。

经过多次尝试，杨振宁和米尔斯终于找到了正确的非阿贝尔规范场的场强表达式，并参照发展电磁学理论的方法，写出了相应的规范场方程式。不过，他们也遇到了泡利曾经遇到的难题，即规范场对称性会导致静止质量为零的带电粒子出现，这实在令人难以接受。

1954 年 2 月，泡利在普林斯顿做了一场学术报告，当时杨振宁正忙于布鲁克海文国家实验室的工作，没有参加这场报告会。过了十来天，杨振宁应奥本海默之邀返回普林斯顿，汇报了他与米尔斯合作的关于定域规范不变性理论的研究成果，泡利也参加了这场报告会。泡利向杨振宁提出一个深刻的问题："电磁规范场的传播子是光子，而电磁力作为一种远程力，其传播媒介光子是没有质量的。但是，弱相互作用力不同于电磁力，它是一种短程力，其传播粒子一定有质量。"当时，包括泡利、杨振宁在内的所有科学家都不知道该如何解释这一难题。

杨振宁和米尔斯推导出了不依赖于引力的非阿贝尔规范变换和场强的正确形式，这一成果比泡利的工作更为简洁和深刻。他们的理论是基于 SU(N) 群的一种量规理论，或者更普遍地说，是一个紧凑、半简单的李群。该理论旨在描述基本粒子的行为，使用这些非阿贝尔李群和统一的核心电磁力、弱核力、强核力，为统一相互作用力提供了一个数学框架，从而为粒子物理标准模型打下了基础并指明了方向。虽然"零质量粒子问题"尚未解决，但是理论本身非常优美，杨振宁和米尔斯决定应该发表他们的成果。1954 年 6 月，他们撰写了论文《同位旋守恒与同位旋规范不变性》，同年 10 月发表在《物理评论》杂志上。由于无法解释粒子的质量问题，该理论一度受到冷遇。1955 年，外尔去世。之后，默瑟大街 284 号的住宅转到了杨振宁手上，他一直居住在那里，直到 1966 年去纽约大学石溪分校工作。

1956 年，日本数学家内山龙雄首先认可并引用了杨振宁和米尔斯所提出的规范场理论，并首次将其称为"杨-米尔斯理论"。1957 年，李政道和杨振宁因在 1956 年提出弱相互作用宇称不守恒的创新工作而共同获得诺贝尔物理学奖，这一成就极大地提升了杨-米尔斯理论的影响力。遗憾的是，泡利在 1958 年去世，未能见证杨-米尔斯场论对物理学界的深远影响。

20世纪60年代开始，南部阳一郎、希格斯、萨拉姆、格拉肖、盖尔曼等许多杰出的物理学家开始引用杨-米尔斯理论。南部阳一郎提出了对称性自发破缺的概念，解决了粒子的质量问题。这一发现为在杨-米尔斯理论框架下实现弱相互作用和电磁相互作用的统一理论铺平了道路。20世纪70年代初，描述强相互作用的量子色动力学应运而生，进一步巩固了规范场理论在物理学中的核心地位。

规范场理论的目标是建立一个完美的粒子标准模型，以描述亚原子世界的运动状态，这一任务的复杂性超过了玻尔在量子世界建立的原子标准模型。规范场理论后来被很多物理学家认为是最有可能实现四大基本力统一的理论。如果泡利还在世的话，他一定会后悔当初为什么没有果断地发表相关论文。

# 弱相互作用下宇称不守恒

20世纪50年代，随着新粒子不断被发现，物理学家也面临着越来越多的新问题。其中，弱相互作用中的 θ-τ 之谜尤其令人困惑，因为 θ 介子和 τ 介子除了宇称不同之外，其他物理性质完全相同。

1946年，李政道（1926—2024）离开国立西南联合大学，前往美国芝加哥大学深造，师从费米教授，并于1950年获得博士学位。毕业后，他加入加利福尼亚大学伯克利分校物理系担任讲师。1951年，李政道进入普林斯顿高等研究院工作，其间与杨振宁合作发表了多篇论文，并受到奥本海默和爱因斯坦的高度认可。1953—1960年，李政道在哥伦比亚大学从事粒子物理研究，1960—1962年回到普林斯顿工作。

1955年初，因杨-米尔斯论文的发表，李政道与杨振宁再次合作（1955—1962年的第二次合作），他们共同发表了20多篇论文。在科学史上，如此长时间、高水准的合作极为罕见，这不仅

李政道（1926—2024）

是他们物理生涯中富有浪漫和传奇色彩的一段时光,而且他们关于弱相互作用下的宇称不守恒问题,具有划时代的意义。

李政道和杨振宁对宇称守恒的实验进行了细致的梳理,他们发现没有任何一个实验可以证明弱相互作用下的宇称是守恒的。1956年春,他们大胆提出了弱相互作用下宇称不守恒,并给出了几种检验方案。同年6月底,李政道和杨振宁发表论文《弱相互作用下宇称守恒问题》。

宇称不守恒的设想被提出后,物理学界普遍对此不感兴趣,因为宇称守恒定律自提出以来,二十多年一直未受质疑,甚至被视为金科玉律,没有人愿意耗费时间和精力去验证这一假设。然而,华裔物理学家吴健雄认识到这一设想有重要意义,并着手准备实验验证。

几个月后,吴健雄团队与莱德曼团队分别通过实验证实了宇称不守恒。这一发现立即在物理学界引起了巨大震动,随后,几百篇论文以不同的方式证实了弱相互作用下宇称不守恒。杨振宁和李政道因最先提出了弱相互作用下宇称不守恒而荣获1957年诺贝尔物理学奖。

宇称守恒意味着某种对称,宇称不守恒意味着镜像对称的破缺。宇称不守恒发现后,科学家开始重新思考对称问题,随后陆续发现了多种不对称现象。由于弱相互作用下宇称不守恒,物理学家开始探索建立一个基于量子场论的弱相互作用理论。

# 电弱统一理论的形成

量子电动力学（QED）中，电磁相互作用是通过电子（费米子）交换光子（玻色子）来实现的，这是一种规范场。为了寻找规范场玻色子，物理学家使用了一种称为"群论"的数学工具。由于弱相互作用也是一种规范场，物理学家尝试用群论方法来寻找弱相互作用的玻色子。

美国科学家谢尔登·格拉肖（1932— ）在哈佛大学取得博士学位后，前往哥本哈根理论物理所深造，主要研究领域为量子场论和粒子物理。1961 年，格拉肖开始挑战弱相互作用规范场，尝试建立弱核力模型。他提出了一个用三种玻色子来传递信息的模型，这三种玻色子分别为 $w^+$、$w^-$、$w^0$，其中 $w^+$ 带正电、$w^-$ 带负电、$w^0$ 呈电中性，运用 SU(2) 群来描述这些玻色子的特性。此外，他还引入"弱超荷"这一概念，用电中性的玻色子 $\beta^0$ 来传递，用 U(1) 来描述。在这一框架下，弱核力场就是 SU(2) × U(1) 的规范群。这两个群相乘，$w^0$ 和 $\beta^0$ 就混合成两种新粒子——$z^0$ 和 γ，弱核力方程推导出了 4 种玻色子 $w^+$、$w^-$、$z^0$ 和 γ，比原计划多了一个。通过研究 γ 粒子的物理性质，科学家证实它是电磁场的光子！这就意味着电磁力和弱核力可以用一个方程来描述，两者的数学模型是一致的，可以建立统一电弱场（电磁场与弱相互作用场的合称）理论。这真是一个令人惊喜的发现。

但问题随之而来。电磁相互作用中，光子（玻色子）是无质量的，这使得它能无限远地传递电磁力，因此电磁作用是一种长程力。但是，弱相互作用的信使粒子——玻色子 $w^+$、$w^-$、$z^0$ 必须有质量，因为弱核力属于短程力，其主要效应表现为 β 衰变。这与"规范群中的信使粒子应为无质量"相矛盾。

20 世纪 60 年代初，日本物理学家南部阳一郎提出了"对称性自发残缺"的质量产生机制。他的灵感源自 20 世纪 50 年代超导研究中的一个现象：超导体能屏蔽外磁场，使得磁体可以悬浮在超导体上。这意味着在超导体的内磁场中，作为电磁作用信使粒子的光子表现为短程力，这就使得光子仿佛具有了质量。正是这一超导现象启发了南部阳一郎，促使他提出了质量获得机制的理论设想。

英国物理学家彼得·希格斯（1929—2024）在中学时期，受到狄拉克的量子力学著作的激励，走上了物理学研究之路。1954 年，他在伦敦国王学院获得了物理学博士学位，并在 1960 年任教于爱丁堡大学。那一时期，风华正茂的希格斯开始深入研究由格拉肖提出的问题，并从南部阳一郎的论文中获得了启示。

经过三年的钻研，希格斯提出了一个假设：宇宙中弥漫着一个希格斯场，而希格斯粒子是这个场的量子化激发态。在早期宇宙中,希格斯场是各向同性的,随着宇宙的膨胀和冷却,由于不确定性的微扰,这种对称性迅速自发破缺,在时空中分化出了四个极化分量——两个带电的和两个中性的。对称性自发破缺后的希格斯场成为所有粒子质量的来源,换言之,粒子有无质量和其质量大小,均取决于其与希格斯场的耦合方式。

希格斯场与粒子耦合并赋予粒子质量后,还会有剩余——这就是玻色子,一种自旋为0、呈电中性、有质量的粒子。1964年,希格斯在《物理评论快报》上发表论文《破缺的对称性和规范玻色子的质量》,提出了"希格斯机制",并预言这一机制的一个产物为"规范玻色子"(后被命名为"希格斯玻色子",也被称为"上帝的粒子")。

格拉肖(左)和温伯格(右)

1967 年，温伯格（与格拉肖是中学同学，也是大学同学）和巴基斯坦物理学家萨拉姆，把希格斯的对称性自发破缺机制引入格拉肖的弱核力模型中，构建了"电磁力与弱核力相互统一"的理论，即温伯格-萨拉姆模型，解决了电弱核力（电磁力与弱核力的合称）玻色子质量不对称的问题。

根据该模型，早期宇宙各向同性的希格斯场中，电弱玻色子是严格对称的。当希格斯场对称性破缺后，电弱玻色子与希格斯场耦合，"吃掉"两个带电的分量和一个中性的分量，从而获得了相当于 80 多倍质子的质量，形成了三种分别带正电、负电和中性的玻色子，即 $w^+$、$w^-$、$z^0$。而那些不与希格斯场发生耦合的玻色子依然没有质量，它们就是光子。希格斯场剩余的一个中性极化分量，就是希格斯玻色子。这就说明格拉肖的基本原理是正确的，格拉肖也因此被誉为"粒子物理标准模型之父"。

泡利曾经质疑的规范场理论中的质量问题，最终由南部阳一郎的对称性自发破缺机制以及希格斯等人发展的希格斯机制解决。这不仅阐释了规范场粒子如何获得质量，还实现了电弱统一理论。电弱统一理论标志着宇宙中四种基本力统一的第一步，其科学意义堪比麦克斯韦将电场和磁场统一为电磁场这一伟大成就。

1979 年，诺贝尔物理学奖授予了格拉肖、温伯格和萨拉姆，以表彰他们对电弱统一理论的贡献。1983 年，意大利物理学家卡洛·鲁比亚在欧洲核子研究中心领导了一项由 100 多位科学家参与的国际合作项目，通过质子-反质子对撞机发现了三种玻色子 $w^+$、$w^-$、$z^0$，并因此获得了 1984 年诺贝尔物理学奖。

# 强相互作用理论

美国物理学家默里·盖尔曼（1929—2019），出生于美国纽约的一个犹太家庭。他的父亲曾就读于维也纳大学，第一次世界大战后从奥地利移居美国。盖尔曼自幼对科学感兴趣，14岁就进入耶鲁大学，获得学士学位后转至麻省理工学院深造，22岁就获得博士学位。1951年，他到普林斯顿工作，于1955年成为加州理工学院最年轻的终身教授。1953年，盖尔曼发现了基本粒子的一个新量子数——奇异数。1961年，他在奇异数守恒定律的基础上提出了SU(3)对称性，对强相互作用的粒子进行分类，提出了"八重态"的分类法。

SU(3)对称性的八重态似乎暗示这些粒子由更基础的三重态构成。1964年，盖尔曼提出了质子、中子的夸克模型，认为质子等粒子由更基本的夸克组成，夸克的电荷为+2/3或-1/3，它们成群结队，通过胶子结合，而胶子的作用就相当于电磁相互作用中的光子。盖尔曼认为夸克有两种：上夸克和下夸克。

- 上夸克：重子数为 1/3、电荷为 +2/3、自旋为 ±1/2；
- 下夸克：重子数为 1/3、电荷为 -1/3、自旋为 ±1/2；

例如，质子由两个上夸克和一个下夸克组成，电荷为 1，质量为 1；中子由一个上夸克和两个下夸克组成，电荷为 0，质量为 1。1968 年，斯坦福大学线性加速器实验室的一系列实验证实了盖尔曼的理论。1969 年，盖尔曼荣获诺贝尔物理学奖。

早期的夸克模型并未包含"色荷"这一概念。后来，科学家引入了"色荷"——以红、绿、蓝来区分——以解决夸克在组成重子（如质子、中子）时量子数相同的问题。这就使得上下夸克的种类扩展到了 6 种，色荷也由此成为夸克最重要的量子数之一。20 世纪 70 年代初，盖尔曼和弗里奇等科学家共同创立了阐明强相互作用力的理论——量子色动力学。

量子电动力学用于描述电磁相互作用，揭示了电子（费米子）交换光子（玻色子）的行为，其中涉及的是电荷。而量子色动力学则是用于描述强相互作用，揭示了夸克（费米子）交换胶子（玻色子）的行为，其中涉及的是色荷。

传递强核力的胶子把三个夸克束缚在一起，这种强相互作用实际上是夸克之间交换胶子的一个动态过程。在这一过程中，胶子不断地发射与吸收虚粒子，从而在夸克间传递，同时伴随着色荷的变化。正是胶子的持续交换和色荷的动态变化，使得核子内的夸克紧密地结合在一起，形成了我们所知的强核力。

汤川秀树所发现的介子是一种复合粒子，由一个夸克和一个

**盖尔曼**(1929—2019)

反夸克构成，它们参与核子（质子、中子）之间的强相互作用。实际上，这种强相互作用是通过核子内的色动力"剩余"来实现的。在质子、中子和介子内部的色荷变化过程中，总色荷始终保持为 0，即红、绿、蓝三种色荷各有一个。这就导致我们观察到核子和介子总是表现为"白色"，这种现象被称为"夸克禁闭"。

在早期的夸克模型中，科学家只识别出 3 种夸克：上夸克 u、下夸克 d、奇异夸克 s。1974 年，美籍华裔物理学家丁肇中和美国物理学家里克特各自独立发现了 J/ψ 粒子。这一发现挑战了当时仅包含 3 种夸克的理论框架，因为它无法解释这种粒子的长寿命。为了解决这一难题，科学家引入了第四种夸克——粲夸克 c。随后，为了进一步完善理论，又引入了底夸克 b 和顶夸克 t，使夸克的种类增至 6 种。1976 年，丁肇中和里克特因发现了 J/ψ 粒子，共同获得诺贝尔物理学奖。

1973 年，普林斯顿大学的戴维·格罗斯、戴维·波利泽、弗朗克·韦尔切克三位物理学家提出了"渐近自由"理论。与引力和电磁力随距离增加而减弱的特性相反，强核力与距离成正比。他们通过一个精确的数学模型揭示了这一现象：当夸克彼此非常接近时，它们之间的强核力变得非常微弱，以至于夸克可以像自由粒子一样几乎不受限制地运动，这种现象就被称为"渐近自由"。反之，当夸克之间的距离增大时，强核力会显著增强。"渐近自由"为量子色动力学的建立提供了理论支撑，也使得格罗斯、波利泽和韦尔切克共同荣获了 2004 年诺贝尔物理学奖。

# 粒子物理标准模型

随着观测技术和实验条件的提升，科学家从宇宙射线中观测到的，以及从高能对撞机中探测到的粒子种类日益丰富，数量高达数百种。到了20世纪60年代，面对粒子种类的激增，科学家想从繁就简，建立可统一描述这些粒子的"粒子物理标准模型"。

其实，世界上的粒子可以分为两大类：费米子和玻色子。费米子符合费米-狄拉克统计，自旋为半整数，遵守泡利不相容原理，它们构成了物质的基本结构。而玻色子符合玻色-爱因斯坦统计，自旋为整数，不遵守泡利不相容原理，它们负责传递物质之间的相互作用。

◆ 轻子（包括电子和中微子）是只受电磁力和弱核力的影响，不参与强核力作用，自旋为半整数，属于费米子。其中，电子中微子是 $\beta$ 衰变中电子的伴生物（伴随粒子），质量微小，主要在弱核力中发挥作用。

- ◆ 重子（包括质子、中子）是由3个夸克构成的复合粒子。
- ◆ 介子是由一个夸克和一个反夸克构成的复合粒子，其质量大小介于轻子与重子之间，它们参与强相互作用，将质子和中子紧密结合在一起。
- ◆ 重子和介子统称为强子，它们参与强相互作用，是由夸克组成的复合粒子。重子属于费米子，但介子属于玻色子。
- ◆ 光子、胶子、$w^+$、$w^-$、$z^0$、希格斯玻色子都属于玻色子。

物理学家在杨-米尔斯理论的启发下，成功构建了电弱统一理论和强相互作用规范理论，并最终形成了粒子物理标准模型。

- ◆ 费米子：最基本的费米子只有三"代"，每一代费米子都共有8种，包括两种夸克（每种夸克有3种色荷）和两种轻子。第一代费米子是我们最常见的，而第二代和第三代费米子则主要在高能加速器和宇宙射线中被观测到，它们具有较短的半衰期。每种费米子都有对应的反粒子，因此费米子合计达48种。
- ◆ 玻色子：电磁力由光子传递，弱核力由3种玻色子（$w^+$、$w^-$、$z^0$）传递，强核力则由8种胶子传递，再加上赋予粒子质量的希格斯玻色子。因此，合计共13种玻色子。
- ◆ 综上，标准模型共61种基本粒子。

温伯格、盖尔曼、希格斯等人不断努力，完善了规范场理论，并逐步建立了粒子物理标准模型。这一模型是继相对论、量子力学之后的又一伟大物理成就，在该模型的建立及完善过程中，有几十位科学家因此获得了诺贝尔奖。

20 世纪 60 年代，希格斯玻色子的理论和机制被提出，这一粒子在粒子物理学的标准模型中扮演着至关重要的角色，因此被

粒子物理标准模型

称为"上帝的粒子"。为了找到希格斯玻色子，科学家需要借助大型粒子对撞机。为此，欧洲核子研究中心（CERN）共耗资约30亿欧元，并耗费了十余年的时间，终于在2008年启用了大型强子对撞机（LHC）。2012年7月，CERN举行了专题研讨会和新闻发布会，宣布LHC已经探测到两个质量分别为126.5吉电子伏、125.3吉电子伏的新粒子，其特征与希格斯玻色子极为相似。2013年3月，CERN进一步确认，先前探测到的新粒子正是希格斯玻色子。2013年的诺贝尔物理学奖授予了希格斯和比利时物理学家弗朗索瓦·恩格勒，以表彰他们50年前提出的这一伟大理论预测。通过验证，正如预言那样，希格斯玻色子是唯一一个零自旋的基本粒子，其被称为"标量玻色子"。

希格斯玻色子的发现是粒子物理学的一个重大突破，它为标准模型的完整性提供了关键证据，验证了希格斯场的存在，从而解释了基本粒子如何获得质量。

# 粒子与宇宙的"交响"

### 暗物质与暗能量

1998年,亚当·里斯(1969— )和索尔·珀尔马特领导的团队,以及布赖恩·施密特(1967— )领导的团队,分别测量了星系彼此远离的速度。两个团队各自独立地发现:宇宙不仅在扩张,而且这种扩张正在加速。这一发现颠覆了之前关于宇宙膨胀会因引力作用而逐渐减缓的观点。为此,他们三人共同荣获了2011年诺贝尔物理学奖。

2011年底,里斯在霍普金斯大学做了学术报告,介绍了他们的研究工作,探讨了宇宙的加速膨胀和红移现象。在计算宇宙质量时,他们推算出宇宙中存在大量的暗物质和暗能量。根据里斯等人的推算,宇宙中我们看得见的物质约为5%,无法直接观测到的暗物质约为27%,其余68%为我们几乎一无所知的暗能量。按照里斯的推算,粒子物理标准模型仅解释了宇宙中5%的可见物质,而27%的暗物质和68%的暗能量仍有待探索!

暗物质是一种不释放光、也不吸收光的物质，对星系的形成至关重要。物理学家已证实暗物质会产生引力场，因此暗物质似乎具有质量。暗物质可能与希格斯场相互作用，希格斯玻色子可能衰变为暗物质粒子。随着量子色动力学的建立，电磁力、弱核力、强核力都有了相应的模型，粒子物理标准模型得以完善。如今，物理学家正致力于探索如何发现引力波和引力子。

### 引力子与引力波

电磁力属于长程力，通过光子交换来传递作用。引力也属于长程力，因此理论上一定存在引力波。早在 1916 年，爱因斯坦就预言了引力波的存在。20 世纪 50 年代至 70 年代，量子理论在电磁力、弱核力、强核力的量子化方面取得突破，促使科学家构建了相应的模型。

然而，引力是四种基本力中唯一一种我们尚未知晓其量子载体的相互作用力。为了用量子理论解释引力，将引力量子化，科学家假设存在一种尚未发现的粒子——引力子，它被定义为一个自旋为 2、质量为零的玻色子，其性质与光子类似，从而可能发展出量子引力理论。

为了探测来自宇宙的引力波，美国建立了激光干涉引力波天文台（LIGO）。2016 年 2 月，LIGO 科学合作组中的三位科学家首次检测到了来自宇宙双黑洞合并的引力波信号，这一成就让他们于 2017 年荣获诺贝尔物理学奖。目前，科学家只是建立了引力波的经典性质，但其量子特征尚未被探测到。由于引力波几乎不受任何物质的阻挡，天文学家可以利用引力波来探索宇宙。

2020年，LIGO捕捉到了两个恒星级黑洞合并的独特信号。这两个黑洞的质量分别为85倍和65倍太阳质量，它们的碰撞与合并形成了一个新黑洞，这是迄今为止科学家观测到的质量最大的黑洞碰撞事件。这一过程中释放出巨大的引力波。

当天文学家深入研究这次合并事件时，发现了一些异常的数据：这两个黑洞的质量之和是太阳质量的150倍，但是它们合并后所形成的新黑洞质量只有太阳质量的142倍，相差了8倍太阳质量。这意味着在短短几分之一秒内，相当于8倍太阳质量的物质转化为能量，并以引力波的形式从宇宙中扩散出来。

引力波是由大质量天体扭曲其周围时空而产生的。LIGO不仅解决了引力波谜团，还彻底改变了我们观察宇宙的方式。然而，LIGO只能探测到特定频率范围内的引力波，即只能探测到几倍太阳质量的天体产生的引力波。

科学家发现在许多大型星系的中心，都隐藏着一个超大质量黑洞。这些超大质量黑洞是已知最大的一类黑洞，其质量能达到太阳质量的数百万倍乃至数十亿倍。例如，距离地球最近的超大质量黑洞——位于银河系中心的人马座 A*，其质量约为400万倍太阳质量。仙女座星系（M31）的中心，潜伏着一个质量相当于一亿倍太阳质量的超大质量黑洞。位于室女座 A 星系（M87）中心的超大质量黑洞，其质量约为太阳质量的65亿倍。以人马座 A* 为例，如果它与一个同级别质量的黑洞相撞，那么数十万倍太阳质量的物质将在瞬间转化为能量，释放的能量如此之大，超出了我们的认知范围。

当两个超大质量黑洞在宇宙深处相撞，其产生的引力波波长可长达数光年,其频率之低超出了地球上传统探测器的探测范围。然而,美国科学家基娅拉·明加雷利及其团队开创性地利用脉冲星计时阵列——这些天然的巨大探测器,捕捉到了这些星系重量级的引力波。

银河系中有大量的脉冲星,它们周期性地发射电磁脉冲信号,这一特性使得我们能利用这些信号来校准时间,提高时间测量的精度。然而,当脉冲星受到引力波冲击时,它们会发生晃动,导致我们观测到脉冲信号就会出现计时上的微小变化。为了确定引力波源,明加雷利及其团队测量了距离我们数光年之外的100颗晃动的脉冲星。如果把引力波比作海啸,那么这些脉冲星就像漂浮在海上的浮标,当海啸经过时,浮标会上下浮动。因此,这些脉冲星计时阵列可以作为引力波的预警系统,帮助我们确定引力波的源头。

通过脉冲星计时阵列,科学家已经观测到了星系合并、恒星爆炸等各种宇宙狂暴事件。这些事件可能会导致超大质量黑洞合并,尽管目前科学家尚未直接观测到。明加雷利预测未来数年内,我们至少能探测到一次超大质量黑洞合并,这将是宇宙中最壮观的景象之一。超大质量黑洞合并所释放的能量,是超新星爆发能量的万万万万亿倍,其科学价值不可估量。

# 大统一理论的探索

微观粒子之间仅存在四种力：引力、电磁力、弱核力、强核力。理论上，宇宙间所有的现象都可以用这四种基本力来解释。物理学家一直相信这四种基本力拥有相同的物理起源，并在一定的条件下能统一于同一个理论框架内。

## 弦理论

话说 1967 年，意大利的一位博士研究生在探索强相互作用力时，意外发现了数学家欧拉的一个古老公式，并认为这个方程能描述强相互作用力，此方程因此被称为"橡皮筋（弦）方程"。后来，美国物理学家李奥纳特·苏士侃将"橡皮筋方程"引入物理学，尝试统一四种基本力，从而发展了一种新理论——弦理论。在弦理论的框架下，自然界的基本单元不是点状粒子（如光子、电子和夸克等），而是很小很小的线状"弦"。这些弦的尺度大约是原子的亿分之一，它们被认为是组成宇宙的根本。

### 规范场理论

从目前的实验结果和粒子物理标准模型来看,1954 年提出的规范场理论就是粒子物理学的基石,也是迄今为止描述亚原子世界的最成功的物理框架。除了引力之外,规范场理论已统一了三种基本力。物理学家认为引力场就是在局部广义相对论时空坐标下协变的"规范场理论"。随着希格斯玻色子的发现,"弦理论"面临诸多挑战,而目前来看,物理学界普遍认为"规范场理论"仍然是实现四力统一的最有力的候选理论。

### 超对称理论

标准模型是描述物质基本组成部分及其相互作用力的框架,以其简洁和强大的预测能力取得了成功。尽管如此,标准模型仍存在一些缺陷,无法解释以下问题:

① 中微子质量为何如此微小;

② 物质与反物质之间的不对称性;

③ 费米子和玻色子之间的区别;

④ 引力为什么非常弱;

⑤ 标准模型为什么未包含引力子;

⑥ 标准模型为什么不包括具有暗物质属性的粒子。

这些问题激发了物理学家探索标准模型之外的、更完整的理论,其中,最引人注目的就是"超对称理论"。

1973 年,朱利叶斯·韦斯和布鲁诺·祖米诺,在俄罗斯物理学家沃尔科夫和阿库洛夫的工作基础上,在四维时空中提出了第一个超对称模型。1974年,皮埃尔·法耶特把希格斯机制扩展到超对称理论,从而在玻色子和费米子之间建立起一种对称性。

超对称理论建立在标准模型的基础之上,随着时间的推移,许多物理学家丰富了这一理论,并引入了一大批新的粒子。尽管超对称理论不是超越标准模型的唯一理论,但它是因"有潜力"而备受关注的一种理论。

# 科学发现与工业革命

结语

# 第一次工业革命：
# 从科学革命到工业崛起

### 第一次科学革命

1513年，波兰天文学家哥白尼提出了日心说，并于1543年出版了著作《天体运行论》，挑战了已统治1300年之久的地心说。哥白尼的日心说彻底颠覆了人类的宇宙观，开启了科学革命的序幕。

继承哥白尼理论的开普勒，发现了行星三大定律。伽利略通过研究物体运动规律，为经典力学的发展奠定了基础，被誉为"现代物理学之父"。笛卡尔创立了笛卡尔坐标系，奠定了解析几何的基础。这些科学先驱为17世纪后半叶英国的科学革命打下了坚实的基础。

英国皇家学会始建于1660年，于1662年由英国国王查理二世授予皇家证书。英国皇家学会是致力于促进自然知识发展的科学机构。这一时期，科学界涌现了一批科学家，并取得了科学突破。

结语　科学发现与工业革命

波义耳发明了真空泵，并提出了波义耳定律；胡克提出了弹性定律，发现了植物细胞，并于 1665 年出版《微物图志》；惠更斯提出了能量守恒定律和光的"波动说"。

牛顿发明了微积分和概率论，提出了力学三大定律。他在其著作《光学》中详细阐述了光的微粒说，并在 1687 年完成了他的杰作《自然哲学的数学原理》。牛顿的工作为近代物理学和力学的发展奠定了基础，为第一次工业革命提供了理论支持，推动了人类社会的进步。

第一次工业革命

18 世纪后期，英国已历经纺织机械、科学革命、农业革命和金融革命等变革，为工业革命奠定了基础。1764 年，詹姆斯·哈格里夫斯发明了"珍妮纺纱机"，极大地提升了纺纱效率。1779 年，塞缪尔·克朗普顿结合水力驱动，发明了"骡机"，进一步革新了纺纱技术。1785 年，埃德蒙·卡特赖特发明了自动织布机。1769 年，詹姆斯·瓦特改良了蒸汽机，并于 1782 年发明了复动式蒸汽机。1800 年，理查德·特里维西克研制出第一台高压蒸汽机。

蒸汽机的广泛应用彻底改变了英国社会，推动了纺织业、金属冶炼、车船制造和铁路交通等领域的机械化。1771 年建立的克朗福德工厂被誉为"现代意义上的第一个工厂"，引领了英国兴建工厂的浪潮。1830 年"曼彻斯特-利物浦"铁路线的开通，引发了铁路建设的热潮，到 1844 年，英国铁路总里程达到 5 600 多千米，加速了工业革命的进程。1851 年，伦敦举办了第一次"万国工业博览会",全面展示了工业革命的成果。英国第一次工业革命的成功,激励了美国、法国、普鲁士、俄国等国家相继开展工业革命。

我们再回到 15 世纪末,世界历史翻开了新的篇章。1487 年,葡萄牙的迪亚士绕过好望角。1492 年,西班牙的哥伦布远航至美洲,发现了新大陆。1519—1522 年,葡萄牙的麦哲伦完成了人类历史上第一次环球航行,标志着大航海时代的来临。葡萄牙、西班牙、荷兰凭借先进的航海技术,相继成为海上霸主。通过殖民扩张、贸易垄断,崛起为当时的世界强国。

英国也紧随其后,于 1750 年在经济上超越了荷兰。但好景不长,北美十三个殖民地在 1783 年宣布独立,成立了美利坚合众国,导致大英第一帝国的衰落。但英国并未就此沉沦,在第一次工业革命的推动下再次崛起。19 世纪 60 年代,英国经济达到顶峰,迅速构建了"日不落帝国",成为世界强国。

在这一时期,马克思见证了第一次工业革命的辉煌成果,并深刻认识到"科学转化为直接生产力"的重要性。他认为,生产力的发展是推动生产方式和交换方式变革的根本动力,从而推动社会历史的进步。马克思揭示了人类历史的发展规律:随着科学成为直接生产力,依赖殖民统治和掠夺手段崛起的大国逐渐退出历史舞台。科技的力量引领着人类社会向前发展。

# 第二次工业革命：
# 从电磁理论到工业腾飞

## 第二次科学革命

18世纪末至19世纪，电磁学领域取得重大突破。1785年，库仑提出库仑定律，开启静电学定量研究。1831年，法拉第发现了电磁感应，发明了发电机原理样机，并于1845年证实了磁光效应，1852年，他发明了世界上第一台直流电动机样机。法拉第的这些发现和发明在欧美产生了深远影响，他也因此被誉为"电磁学之父"。

1864年，麦克斯韦发表了《电磁场的动力学理论》，提出了著名的麦克斯韦方程组，确立了电磁场的基本方程，并推导出电磁波的速度等于光速。1873年，麦克斯韦出版了著作《电磁理论》，创立了经典电动力学，他因此被誉为"经典电动力学之父"。电磁力是人类在宇宙中发现的第二个基本力。

德国物理学家韦伯致力于电磁测量，为麦克斯韦的光学电磁理论提供了实验支持，因此"韦伯"被用作磁通量的单位。美国物理学家约瑟夫·亨利发明了继电器、原始变压器,使得"亨利"成为自感和互感系数的单位。德国科学家赫兹在1888年首先发现了电磁波,证明了麦克斯韦的理论。

第二次工业革命

第二次科学革命孕育了法拉第的电磁学和麦克斯韦的电磁场理论,这些理论起源于英国,但在美国、德国催生了大量的技术发明。19世纪70年代,第二次工业革命在美国和德国率先展开,开启了一个技术创新的新时代。

技术发明

德国科学家西门子着迷于电磁研究,于1847年成立了西门子公司,并于1886年研制出世界上第一台大功率直流发电机,开启了人类社会的电气时代。

美国发明家爱迪生在经过300多次实验后,于1879年10月研制出世界上第一只白炽电灯泡,随后创办了"爱迪生电力照明公司"。爱迪生一生中的发明众多,他的发明工厂共获得了1000多项发明专利。他不仅改进了贝尔发明的电话机,还在1878年发明了留声机,于1891年发明了电影摄像机和电影放映机,并改进了电报机。这些发明深刻地改变了世界,丰富了人民的生活。

1884年,尼古拉·特斯拉到爱迪生实验室工作,负责改进直流发电机。然而,由于与爱迪生在电力传输理念上的分歧,特斯拉在1887年成立了自己的公司。1888年,特斯拉做了关于"交流电输送和交流电机系统"的报告,不久后就发明了交流发电机和交流电动机,并与西屋公司合作开展交流电推广工作。1893年,在芝加哥世界博览会上,特斯拉向世界展示了交流电照明系统,取得了巨大成功。

特斯拉一生申报了700多项发明专利,他的名字被用来命名磁感应强度单位,以表彰他在磁学领域的贡献。1894年,特斯拉成功进行了短波无线电通信试验,1898年制造出世界上第一艘无线电遥控船。

工业革命

通用电气公司和西屋公司在发电厂建设和电力输送方面持续投入,加大供电能力。随着大功率、高转速电动机的问世,它们不仅取代了部分传统蒸汽机,还促进了车床技术的发展,使得金属加工变得更精密和便捷。此外,电动机的广泛应用也促成了电梯的诞生,使得美国纽约、芝加哥等大城市的摩天大楼如雨后春笋般涌现。各种家用电器的普及进一步丰富了人们的日常生活。

电力的广泛应用推动了化学工业和冶金业的飞速发展,也极大地促进了美国社会生产力的提升。1885年,巴尔的摩市建成了第一条有轨电车线路;1895年,波士顿迎来了第一条地铁。1893年5月至10月,芝加哥举办了一场世界博览会,展示了第二次工业革命的辉煌成就。

到19世纪末,德国电气公司的数量已增至180家,电气化的普及为民众生活提供了便利,为工业发展注入了新动力。德国物理学家克劳修斯等人创立的热力学理论推动了内燃机技术的发展。1876年,德国工程师奥托成功研制出世界上第一台四冲程煤气内燃机。1883年，德国工程师戴姆勒发明了汽油内燃机。1897年，德国人狄塞尔发明了柴油内燃机。之后，德国进入了以内燃机为基础的汽车时代。

第二次工业革命始于19世纪70年代，以电力的大规模应用和内燃机为基础的交通工具为标志，极大地推动了美国和德国的钢铁、石油等工业产业的发展，并使这两个国家崛起为世界大国。

# 第三次工业革命 1.0：
# 从量子突破到信息时代

**第三次科学革命**

1897年之前，尽管电子尚未被发现，但这并未阻碍电力的广泛应用和无线电技术的发展。当时，物理学正处于经典电动力学时期，同时也是原子论盛行的年代。对于离子、氢光谱谱线以及紫外线照射锌板产生火花等现象，当时的理论还无法给出满意的解释，这些都有待物理学新理论的诞生。

1897年，英国剑桥大学物理学家汤姆孙发现了原子中的电子，这一发现轰动了整个物理界，从此人类开始了微观世界的探索。离子的性质得到了合理的解释，紫外线照射锌板产生火花的现象被描述为"光电效应"，但当时的理论仍无法解释这一现象。1900年，德国物理学家普朗克在研究黑体辐射公式时，提出了"普朗克常数"和"能量子"的概念。1905年，德国物理学家爱因斯坦在完成狭义相对论和质能关系式之后，发表了《关于光的产生和转变的一个启发性观点》，提出了"光量子假说"，将普朗克的能量子应用于"光电效应",从而得到了完美的解释。1911年,英国物理学家卢瑟福发现了原子核。1913年,丹麦物理学家玻尔建立了原子的量子化模型,氢光谱谱线也得到完美解释,量子理论的完美性令人惊叹。

汤姆孙、普朗克、爱因斯坦、玻尔等人的发现,共同奠定了量子力学基础。随后,德布罗意、薛定谔、海森堡、泡利进一步发展了量子波动力学、量子矩阵力学。1928年,狄拉克发表了具有划时代意义的论文《电子的量子理论》,系统阐述了狄拉克方程,这标志着量子力学的数学建模最终完成。1930年,狄拉克出版了《量子力学原理》,这是物理学史上的重要里程碑之一。狄拉克是继牛顿、麦克斯韦、爱因斯坦之后的又一位划时代物理学家。

1928年,苏联物理学家伽莫夫发现了量子隧道效应,解释了原子核的α衰变,并提出了原子核内有一种核力(即后来说的强相互作用力)。1934年,意大利物理学家费米发现了中微子,并提出了弱相互作用力。他们为人类识别宇宙中第三个基本力(强相互作用力)和宇宙中第四个基本力(弱相互作用力)奠定了基础。

1938年,德国物理学家哈恩、奥地利物理学家迈特纳以及费米共同揭示了原子核裂变现象,这一发现震惊了世界,并直接促成了美国的曼哈顿计划。1945年,曼哈顿计划成功研制出原子弹,这标志着原子能时代的到来,世界科技迎来了突飞猛进的发展。

在量子力学领域,狄拉克、海森堡和泡利等人将经典电动力

结语　科学发现与工业革命

学与量子理论相结合，开创了量子电动力学。美国物理学家费曼进一步提出了路径积分理论和费曼图，丰富和完善了量子电动力学的理论框架。20世纪初，德国和英国在第三次科学革命中处于领先地位。然而，1933年希特勒上台后，其反犹太政策和随后第二次世界大战的爆发，导致包括爱因斯坦在内的几十位杰出科学家离开欧洲，转而在美国定居。在奥本海默等物理学家共同努力下，美国逐渐成为量子物理的新中心，为即将到来的以美国为先锋的第三次工业革命奠定了基础。

**第三次工业革命第一阶段**

第三次科学革命催生了量子力学的诞生，开启了历史上第一次量子革命。从20世纪40年代起，这场革命引发了以原子能、电子计算机与微电子技术、空间技术应用、无线通信与计算机互联网为核心的第三次工业革命，并首先在美国和苏联拉开序幕。

空间技术

1944年9月，德国科学家冯·布劳恩成功研制出V-2短程火箭，其以极快的速度（最高速度达到5 760千米/时）飞行几百千米后落在伦敦西南部的奇希克地区，展示了德国在火箭技术方面的领先优势。

第二次世界大战之后，美国通过"回形针行动"将冯·布劳恩等德国科学家带回美国，冯·布劳恩在美国继续他的火箭研究并担任教授。苏联则在1947年仿制出R-1导弹，1949年新一代R-2导弹的射程更是达到了V-2的两倍，这一进展震惊了美国。

随着朝鲜战争的爆发，美国任命冯·布劳恩为陆军导弹局开发中心主任，他领导完成了射程 300 千米的红石火箭，这成为美国第一代核弹道导弹。而苏联在 1953 年成功发射了射程 1 200 千米的 R‑5 弹道导弹，加剧了美国和西欧的恐慌情绪。到了 1956 年，美国完成了射程 1 000 千米的木星 C 第二代火箭，但此时苏联已经研制出了射程达 8 000 千米的 R‑7 洲际导弹，进一步巩固了其在火箭技术领域的领先地位。

1957 年 10 月，苏联成功发射了世界上第一颗人造地球卫星"斯普特尼克 1 号"，这一事件震惊了美国。在经历了多次失败后，美国于 1958 年 1 月成功发射了质量约 14 千克的"探险者 1 号"卫星。1958 年，美国正式批准了载人航天"水星号"飞船计划，并集中攻克火箭推力问题。1959 年，苏联发射了人类第一个星际探测器"月球 1 号"。1961 年 4 月，苏联宇航员尤里·加加林乘坐"东方 1 号"飞船（世界第一艘载人飞船）绕地球一圈，这场人类第一次的太空旅行持续了约 108 分钟。1962 年 2 月，美国成功发射了"水星-宇宙神 6 号"载人飞船。

苏联在探月和载人航天领域的成就极大地刺激了美国，促使美国发布了阿波罗计划——未来十年内完成一系列登月任务。为此，美国动员了上百所大学、研究机构和公司，两万多名科学家参与了这项庞大的航天计划。在冯·布劳恩的领导下，美国相继研制成功大推力火箭"土星 1 号""土星 1B 号""土星 5 号"。得益于强大的电子工业支持，美国在登月技术方面也遥遥领先。1969 年 7 月，美国成功发射了"阿波罗 11 号"，完成了人类登月的梦想。

结语 科学发现与工业革命

### 计算机互联网

20 世纪 50 年代，随着晶体管技术的兴起，微波接力通信技术迅速发展，广播电视开始普及。20 世纪 60 年代，美国成功发射了世界上第一颗同步通信卫星，标志着人类进入了卫星通信时代。20 世纪 80 年代，得益于半导体物理和激光器技术的突破，移动通信和计算机互联网开始蓬勃发展。贝尔实验室建成了世界第一个模拟蜂窝网（1G），开启了个人移动通信时代，手机随之诞生。20 世纪 90 年代，随着大规模集成电路技术的发展，数字通信逐渐取代了模拟通信，移动通信技术也从 1G 进化到了 2G，进入了高速增长阶段。

在计算机网络领域，美国国防高等研究计划局在 20 世纪 60 年代建立了基于 TCP/IP 协议的 ARPAnet，开启了全球计算机联网。随后，电子邮件（Email）的发明进一步推动了通信技术的发展。1982 年，美国各大学和大公司达成共识，采用 TCP/IP 协议作为标准，建成了 NSFNET，从而构建了美国的计算机互联网。最初，计算机通过调制解调器和电话线接入网络，后来发展出了数字用户线（DSL）接入技术，显著提高了接入速度。随着光纤通信技术的发展，以及 1989 年 HTTP 超文本传输协议的确立，万维网应运而生，这标志着 PC 互联网时代的开启。在此背景下，美国孕育了亚马逊、谷歌、Facebook 等公司，互联网由此成为全球性的平台。

美国于 19 世纪末超越英国成为全球最大的经济体，并在两次世界大战中取得胜利。在第三次工业革命的初期，美国在与苏联的竞争中保持领先，1991 年苏联解体后，美国成为世界领先的科技强国。

回看大航海时代，欧洲一些国家通过贸易和掠夺积累了财富，但缺乏实业支撑的一些国家最终衰落。欧美发展史同样是一部由科技进步、技术创新和工业革命交织而成的历史。大国的兴衰往往与技术革新和工业革命紧密相连，只有不断依靠科技进步和工业革命，国家才能崛起或维持其大国地位。

在第二次工业革命时期，美国和德国正迈向科技高峰，而西方的现代科学技术知识也在这一时期系统地传入中国。面对科技落后的局面，中国开始加快步伐，努力追赶世界科技潮流。

在第三次工业革命的第一阶段，1956年，中国发出了"向科学进军"的号召，中国科学技术事业迎来了蓬勃发展，取得了以"两弹一星"为代表的重大科技成就。中国显著缩短了与世界先进国家的科技差距。2010年，中国的国内生产总值（GDP）超过日本，成为世界第二大经济体，这一成就得益于改革开放政策和第三次工业革命第一阶段的丰硕成果。中国的科技进步和经济发展，不仅改变了国家的命运，也为全球经济的增长做出了重要贡献。

# 第三次工业革命2.0：
# 创新引领未来

第三次工业革命第一阶段历经了半个世纪的发展，魔力般地改变了人类的生活，其深度和广度是前两次工业革命所不能及的。尽管这一时期诞生了原子能发电，但是工业革命依然过度依赖传统化石能源（煤、石油、天然气）。为了响应绿色环保和低碳要求，尽快实现碳达峰和碳中和的目标，我们首先必须大力发展绿色能源，推动太阳能和风能发电；其次必须推动新能源交通的发展，减少对化石能源的依赖。这些构成了第三次工业革命第二阶段的核心任务。

同时，随着"量子纠缠"研究的不断深入，催生了以量子通信和量子计算机为代表的量子信息技术，开启了"第二次量子革命"，从而将引发新一轮的工业革命。因此，进入21世纪，以分布式能源、移动互联网与数字化、人工智能及其应用、量子通信与量子计算机、生物技术与精准医疗为标志，第三次工业革命进入了新发展阶段，也就是人们经常谈论的第四次工业革命。在这一时期，中国和美国也进入了科技竞争的阶段。

**以光伏发电为主的分布式能源**

在光伏发电领域，中国虽然起步较晚，但发展势头迅猛，已成为全球光伏发电安装量增长最快的国家之一。自2005年起，中国的光伏发电行业迎来了快速发展期。数据显示，2023年中国的光伏发电装机容量已达到6.1亿千瓦。

展望未来，每一处建筑都将安装太阳能电池板，成为微型发电厂。同时，为了应对可再生能源的间歇性，每一处建筑都配有储能设备（如储能电池）来储存这些能源。电力网将成为能源共享网络，提高能源利用率和可靠性。交通工具（如小汽车、公交车、卡车、轮船等）使用以动力电池和氢燃料电池为主的清洁能源，减少对化石能源的依赖。此外，可控核聚变技术也展现出了巨大的潜力和前景。

**移动互联网与数字化**

2008年，随着3G移动通信网络的普及和移动智能终端的出现，数字经济发展进入了移动化阶段，共享经济、平台经济等新业态新模式迅猛成长。2012年之后，智能手机的规模化应用促进了移动互联网的快速发展，移动互联网应用呈现了爆发式增长。5G技术的广泛使用，以其高速传输、低延迟和高连接设备数量的特点，大幅提升了移动互联网的传输速率，为AI服务的普及提供了技术基础。展望未来，6G技术的发展将推动移动互联网向万物智联转变，将为客户提供随处可通的高速数据。

数字化手段和数字孪生技术的应用，正在将人、工厂、城市、地球数字化，并与网络结合，实现智慧工厂、智慧城市、智慧中国的愿景，加快数字经济和数字社会的建设，驱动生产方式和生活方式的变革。中国在移动互联网与数字化领域的发展已处于世界前列，不断推动着全球数字经济的发展。

**量子计算机与量子通信**

量子计算机利用量子力学原理，具有巨大的存储能力和极快的运算速度，被视为未来计算的革命性技术。2019年谷歌宣布实现"量子优越性"，2020年中国潘建伟团队也实现了这一点。量子通信基于量子纠缠原理，提供绝对安全的通信方式，中国在这一领域取得了显著进展，包括发射"墨子号"量子科学实验卫星和建成"京沪干线"。尽管量子纠缠的原理尚未完全弄清，但量子技术的发展仍在继续，对信息安全和计算能力的提升具有重大意义。

**人类进步的里程碑**

回顾历史，牛顿力学体系为18世纪以蒸汽机为代表的第一次工业革命提供了理论基础，这场革命以大机器的使用为特征。随后，法拉第、麦克斯韦的电磁理论以及克劳修斯等人创立的热力学推动了19世纪的第二次工业革命，其标志是电力的应用和内燃机的使用。20世纪中叶，以相对论和量子力学共同构建的现代科学，以及量子物理的广泛应用，引发了第三次工业革命。这场革命深刻地改变了人类生活，并持续散发着光芒。

待量子物理中关于量子纠缠、引力波与引力子、暗物质和暗能量、大统一理论等问题的逐步解决,量子物理学将进一步发展,预示着第四次科学革命的到来。正如加拿大物理学家宝琳·加尼翁所言:"我们可能正处于一场巨大科学革命的边缘上。"让我们共同期待这一历史性时刻的到来。

# 后记
## 我们身边的物理学

120年前,谁能预见到物理学家对电磁现象和对电子的探索,会对我们的生活产生如此翻天覆地的影响呢?正是他们对电磁学的精研与电子学的深探,促成了电子学、通信技术和计算机科学的崛起,极大地改变了我们的世界。

牛顿的经典力学能准确预测台球、火箭及行星的运动规律,而麦克斯韦的经典电动力学则能精确描述电磁场的动态变化。相比之下,量子力学似乎充斥着诸多相对模糊的各种概念,并不总能提供精确的预测。然而,量子力学却是我们目前唯一能对原子和亚原子层面的体系进行准确预言的理论。在过去的几个世纪里,物理学家建立了这些坚实的理论基础,而发明家在这些理论的指导下完成了许多发明创造,工程师则将这些发明转化为实际应用,从而重塑了我们的生活。可以说,没有物理学的基础研究,我们或许还停留在依靠烛光阅读的年代。

基础研究不仅深刻地影响了我们的生活,还激发了我们的探索精神。以下是四个例子,展示了量子物理学是如何颠覆我们的传统认知,引领我们进入一个全新的科学时代的。

物质的"隐形"空间

量子力学告诉我们,原子是由原子核和电子组成的。原子的尺度约为 $10^{-10}$ 米,原子核的尺度为 $10^{-15} \sim 10^{-14}$ 米,电子的尺度为 $10^{-16} \sim 10^{-15}$ 米。这意味着原子内部的大部分空间是空的。

物质是由原子和分子组成的,原子间、分子间都存在空隙,但原子内部的空隙相对最大,因此物质中的空隙主要由原子内部的空间构成。原子表面的电子产生的电磁场排斥力(电子简并压力)赋予了原子一定的硬度,使得由原子构成的物质呈现出坚实、紧凑且不可穿透的特性,尽管其内部大部分是空的。

泡利不相容原理进一步阐释了电子的行为,它不容许两个电子处于同一个状态,相互靠近的电子将产生一种新的排斥力,从而阻止物质体积的进一步缩小。电磁力在我们的日常生活中发挥着至关重要的作用。例如,椅子腿原子与地板原子之间存在排斥力,确保了椅子不会穿透地板。

量子物理学向我们展示了大质量恒星如何形成致密物质的过程。大质量恒星中,强大的万有引力足以"压碎"原子结构,使电子脱离原子轨道成为自由电子,原子核成为裸核,导致恒星发生剧烈的塌缩,最终形成白矮星、中子星,甚至黑洞等极端致密天体。以中子星为例,其直径只有十余千米,但每立方厘米的物质质量高达几亿吨,这种密度之高简直令人难以想象。

## 宇宙起源与生命演化

量子物理学揭示了宇宙的起源。距今大约 138 亿年前,宇宙大爆炸标志着时间的开始,随后宇宙开始膨胀和冷却。在大爆炸后的 38 万年,宇宙的温度降至约 3000 摄氏度,原子首次出现;1 亿年后,星际气体逐渐凝聚,形成了遍布宇宙的数千亿个氢原子云雾团(星云)。

大爆炸后的 92 亿年,太阳诞生了,它属于第四代恒星。太阳系形成至今已约 46 亿年,而太阳的寿命预计还有 60 亿年。目前,人类通过天文望远镜发现,宇宙是由数十亿个星系组成,每个星系(如银河系)是由数千亿颗恒星系组成,而每个恒星系(如太阳系)则由一颗恒星和许多行星组成。

地球在距今 46 亿年前初步形成,经过 8 亿年的发展,地球上出现了生命。生命在地球上的演化是一个漫长而复杂的过程。距今约 5.4 亿年前,三叶虫出现了,它们统治地球长达 3 亿多年,其种类可谓繁多(达到了 6 万种)。距今约 2.26 亿年前,恐龙出现,它们统治地球约 1.6 亿年。直到距今 0.66 亿年前,一颗巨大的小行星撞击地球,引发了持续多年的地球大灾难,导致恐龙灭绝。

恐龙灭绝后,哺乳纲动物开始崛起,逐渐走上了历史舞台。而在哺乳纲动物中,有一支逐渐演化成了灵长目动物。灵长目动物开枝散叶,继续演化,其中一支逐渐演化成了人科动物。直到 200 万年前,非洲能人的出现标志着人类从此登上了历史的舞台,开启了一段新的演化篇章。

## 我们共同交换着氧原子

氧元素的质量占整个地壳质量的 48.6%,占海水中质量的 89%,占整个地球质量的 15.2%。在空气中,氧气的体积占比约为 20.9%。氧对我们来说如此重要。无论是人类、动物还是植物,氧元素都是细胞中的核心部分,约占总质量的 65%。氧是构成我们生命不可或缺的一部分。

1774 年,英国的化学家约瑟夫·普利斯特利通过一个大凸透镜聚焦阳光,加热氧化汞,利用排水集气法收集产生的气体。他称这种气体为"脱燃素空气",并对其性质进行了研究。普利斯特利发现:蜡烛在这种气体中燃烧得异常旺盛,老鼠在充满这种气体的容器中存活的时间是普通空气(同容积)的两倍。他本人吸入这种气体后,感到十分轻松舒适。他将这一发现告知了法国化学家拉瓦锡,拉瓦锡认为这是一种能助燃的"氧气"。1777 年,拉瓦锡提出了燃烧反应的氧化学说,从而揭开了氧气和氧元素的神秘面纱。

量子力学进一步揭示了氧气在我们生命中的奇妙作用。我们的每一次呼吸会摄入约 $10^{21}$ 个氧原子,它们会被我们的细胞利用,参与共价结构。其中,$10^4$ 个氧原子可能被我们未曾谋面的人曾呼吸过一次以上。人的一生,就是在这样的循环中度过。当两个人同处一室时,一天之内,大约有 $10^{25}$ 个氧原子在彼此的肺中交换。氧气不仅是维持我们生命的基石,更是将我们紧密联系在一起的纽带。

## 量子与我们息息相关

物质世界可以划分为三个相互关联的层面,每个层面都对我们的现实世界有着深远的影响。第一个是宏观层面,包括我们所见所感的一切——人类、动植物、建筑物、自然景观、星球乃至整个宇宙。这些宏观实体构成了我们所熟悉的物理世界。第二个是微观层面,即宏观世界之下,存在着一个由原子、分子、蛋白质和细胞等基本单位构成的微观世界。这些微观结构是构成宏观实体的基础,它们的行为和相互作用决定了物质的性质和功能。第三个是超微观层面,涉及光子、电子等粒子。在量子层面,粒子展现出自旋、能级等量子特性,这些特性往往超出我们的直观理解。

这三个层面相互作用、相互影响:超微观世界的基本规律塑造了微观世界的行为,而微观世界的结构和动态又决定了宏观世界的性质。人类作为宏观世界的一部分,其存在和功能也是由超微观世界的量子规律所决定的。

人的身体是由大约 $6 \times 10^{27}$ 个原子构成的,这些原子形成了大约 60 种不同的元素。其中,有 11 种元素在体内的含量较为丰富,而其他的则属于微量元素。这些原子通过共价键相互连接形成分子,分子聚集成为分子聚集体,进而发展成细胞器、细胞、组织和器官,最终构建成一个完整的生物体。

在新物理学的曙光到来之前,量子物理已经改变了我们对世界的认知。本书阐释了量子物理学如何深刻地改变了客观世界,并极大地丰富了人类的生活。基础研究的重要性不言而喻,尤其是在物理学这一充满光辉的领域。

基础物理研究涵盖理论物理和实验物理两大部分,它们都以人类好奇心为驱动力,鼓励人们在不受限制的环境中去自由探索,让想象力和创造力得以充分施展。尽管这样的探索并不总能确保发现新知，但我们必须不懈地追寻每一个可能的线索。而应用研究则致力于将基础研究的成果转化为解决具体问题的切实方案，带来技术突破，并推动新技术的发展。物理学不仅被其他学科广泛借鉴，而且在众多工业领域中发挥着关键作用。从经济学的角度来看，物理学对社会的影响尤为深远，甚至改变了全球的格局。因此，我们应当继续支持和推动基础物理研究，以确保未来的创新和发展。

我年轻时，有幸在浙江大学（当时为杭州大学）物理系学习，并聆听了中国科学院院士、物理学家何祚庥的讲座，从而对物理学产生了浓厚的兴趣。20世纪80年代，我被分到电子技术专业学习，并最终在中国空间技术研究院西安分院（原中国航天科技集团公司第五研究院第504研究所）读研究生，投身于航天事业。尽管如此，我对量子力学的热爱从未减退，平时阅读了大量关于量子物理学各分支的著作。

在即将退休之际，我重新整理了读书笔记。这些笔记帮我构建了一个完整的宇宙观，并最终凝聚成了这本科普读物。在郭锐老师的鼓励和量子物理学专业老师的审核下，这本书终于成册。我希望这本书能使读者构建起自己对宇宙的理解，也希望这本书能激发怀揣梦想的青年读者对物理学的热爱。愿你们勇敢地投身于物理专业，积极探索物理学的奥秘，为推动我们的科技文明进步，贡献出自己的一份独特力量。

胡肖传<br>
2024 年 9 月于北京航天城